火星の科学

― Guide to Mars ―

藤井 旭 監修
藤井 旭 ＋荒舩良孝 著

誠文堂新光社

はじめに

２０１８年7月31日に、火星が15年ぶりに地球大接近となります。すでに都会の夜空でも、それとはっきりわかる、妖《あや》しくも不気味な赤々と輝く火星の姿を夜ごと目にして、畏怖《いふ》の念を感じておられる方も多いことでしょう。

実際、あのひときわ赤い輝きと星空での荒々しい運行、明るさの派手な変化ぶりは、古来、人々の深い関心をよび、ギリシャ、ローマ神話に戦の神アーレス、あるいはマルスの名でよばれることになったのもうなずけることでしょう。

かくて、洋の東西を問わず、星占いの中などで火星はとかく悪役として注目され、火星自身には不本意なことだったでしょうが、そのおかげで天文学が進歩したことのラッキーを思わずにはいられません。

火星の動きを肉眼で観測していた時代から科学的な望遠鏡観測の時代へと移り変わっても、人々の火星への関心はかえって深まるばかりで、その最たるものが、運河説に関連する知的火星人の存在説だったといえましょう。「細線が見える、いや見えない」という激論は、それまで火星などまるで無関心だった人々に火星への関心を深くしみ込ませることになったからです。

運河や知的火星人の存在など、今ではかえりみる人もありませんが、科学史上で地球外生命の存在が、これほど真剣味を持って議論されたことはなく、それがやがて今日の天文学の最先端の話題の一つ「地球外生命」の探査につながることになろうなどとは、当時の人々にとって思いもよらない展開といってもよいかもしれません。

さらに、火星は地球人の移住可能な最有力惑星として、今や実利上の関心も高まっており、人類の火星探検の実現は間近とみてよいでしょう。つまり、今日の火星は再び新しい脚光を浴びつつある存在であり、数千年におよぶ人類との付き合いの中で、飛躍的に興味深い時代に突入しているといえるわけです。

夜空に妖しくも赤々と輝く大接近中の〝未来惑星〟火星に深く思いをはせ、思いっきり楽しんでほしいと願っておきましょう。

藤井 旭

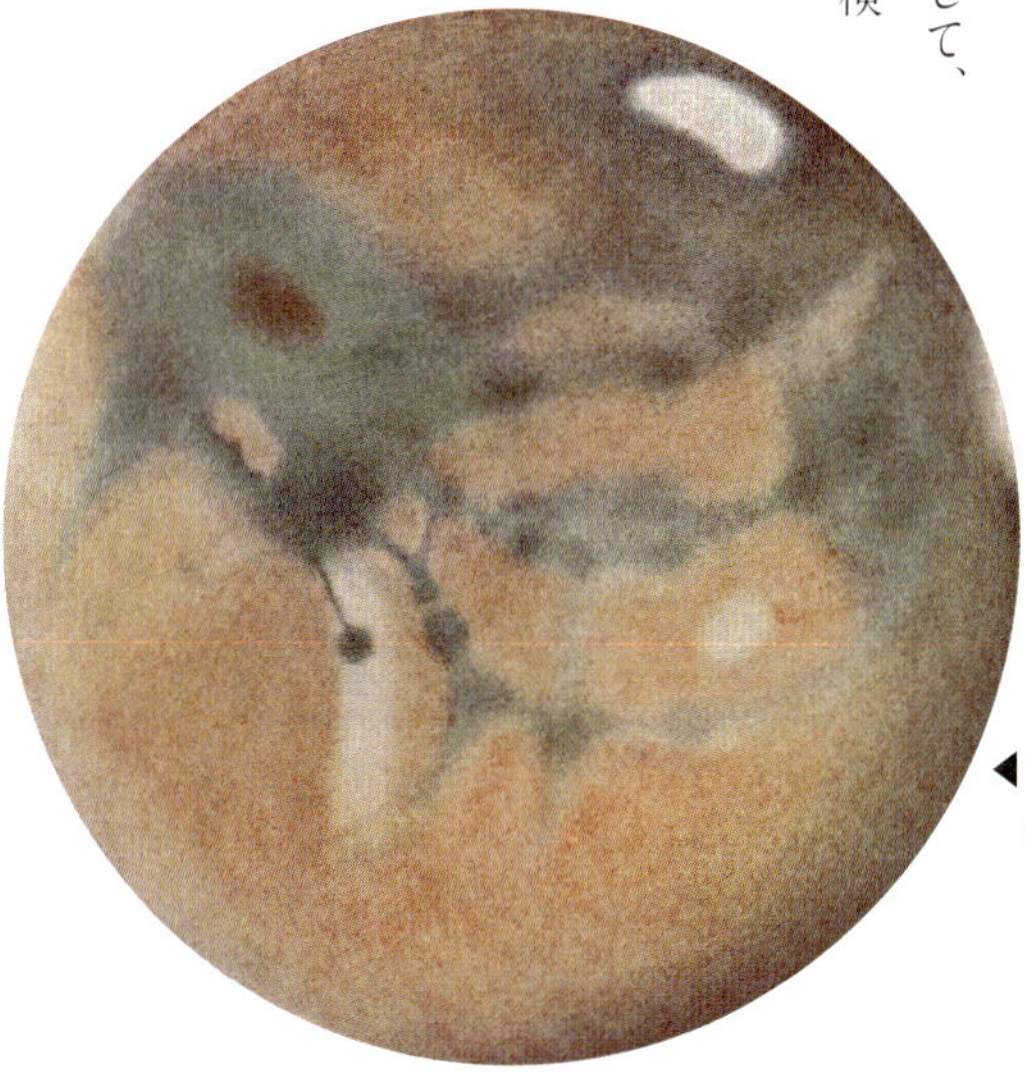

◀アントニアジの火星スケッチ

目次

第5章　火星の接近を見よう　藤井 旭　127

第6章　火星面を見よう　藤井 旭　149

コラム

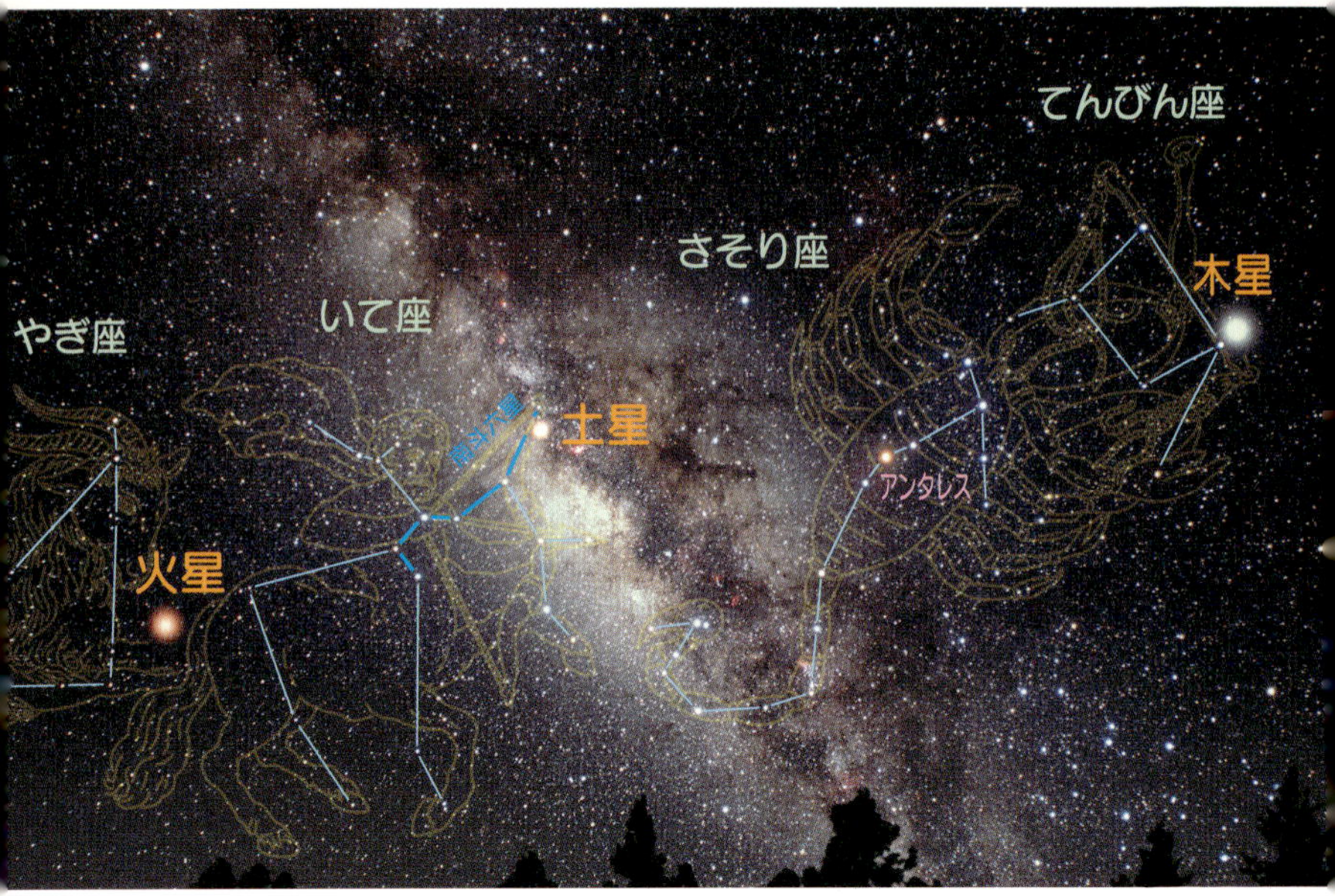

▲**2018年夏の宵空**　幻想的な夏の天の川とともに明るい惑星たちが西から東へ並び、都会の夜空でさえ星空が明るく感じて見えるほどのにぎやかさとなっています。

赤い火星の輝き

太陽を中心に8つの惑星がめぐる太陽系において地球のすぐ外側をめぐる火星は、およそ2年2か月ごとに地球に近付いてきて、その不気味とも思えるほどの赤い輝きで人々を驚かせます。2018年夏は接近のうちでもとくに近付く15年ぶりの大接近で、スーパーマーズとよばれるにふさわしい赤い輝きで注目されることになります。

▼**望遠鏡で見る火星**　肉眼で赤々と輝いて見えるのと同様、望遠鏡で見る火星も赤く丸い惑星として目に映ります。

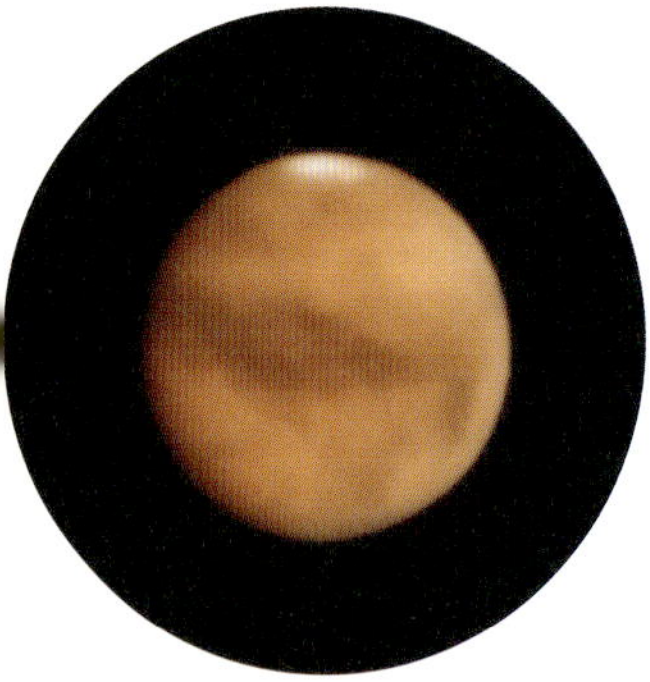

▲火星とアンタレスの動き　赤い火星とそのライバルさそり座の1等星アンタレスの赤い光跡をとらえたものです。（福島県会津磐梯山で。12ページと51ページも参照）

火星の素顔

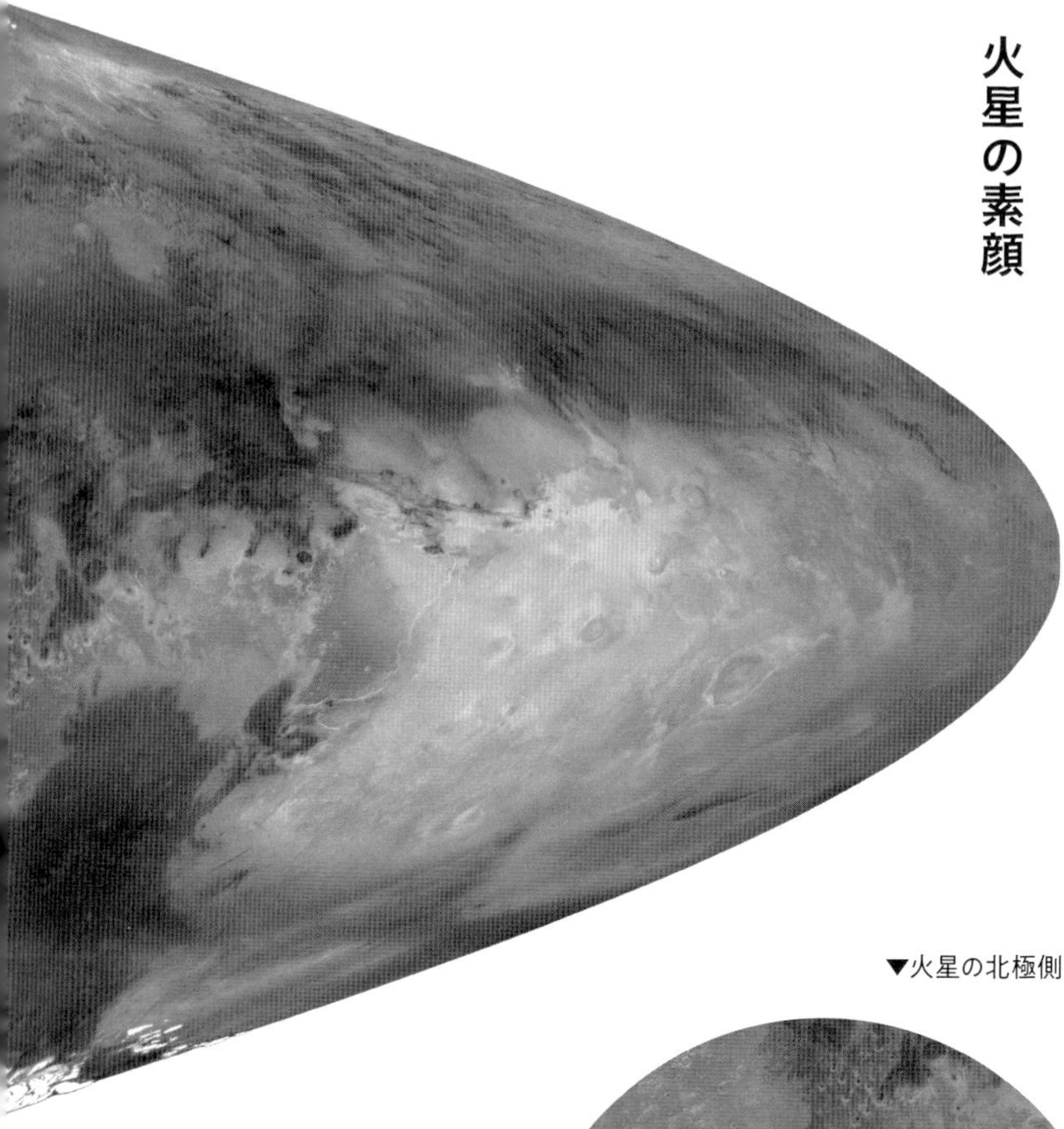

▼火星の北極側

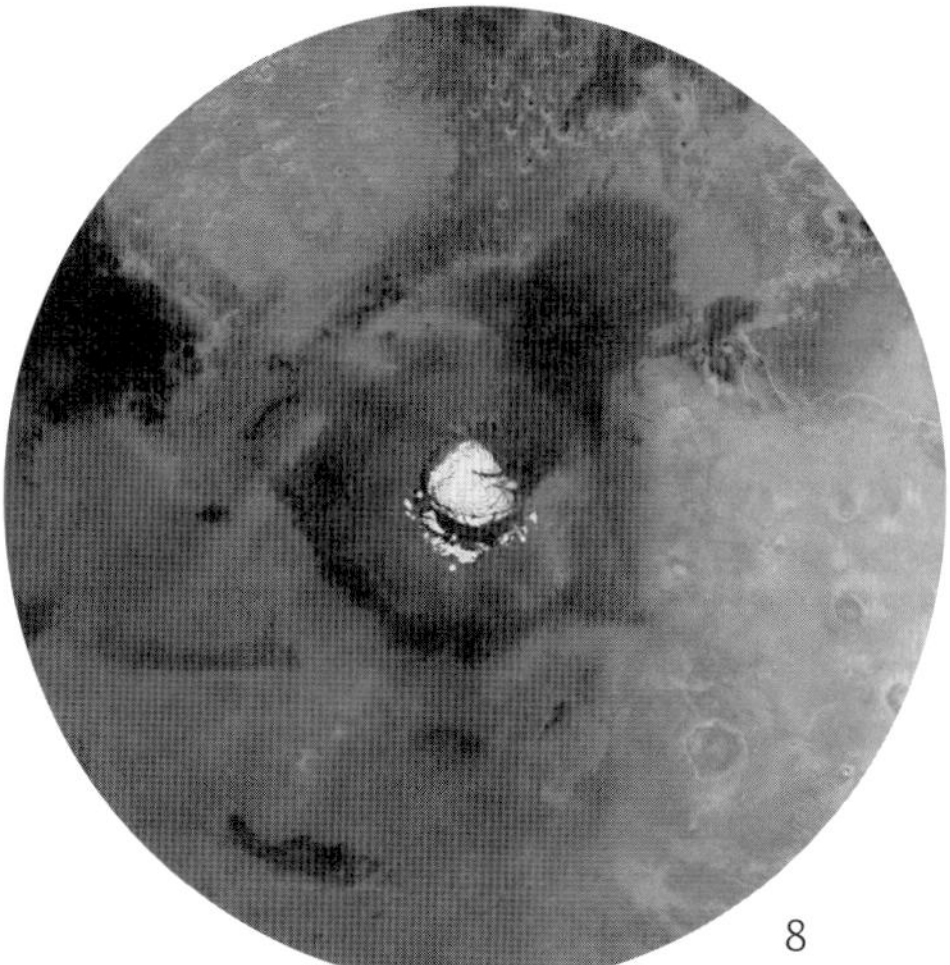

天体望遠鏡で見る火星像は、ふつう上下逆さまになります。そこで、本書では望遠鏡でとらえた火星の姿の多くは、上側が南になるようにして掲載しています。このため望遠鏡で実際に

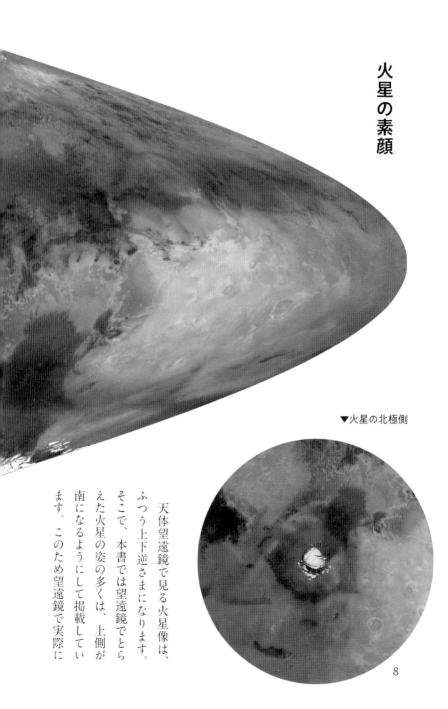

▼火星全面　上が南極冠、下が北極冠で示す。火星世界では、南半球側に薄暗い模様が多く、小さな望遠鏡でもよくわかり目につきますが、火星上での季節によって極冠などの変化が見られることもあります。

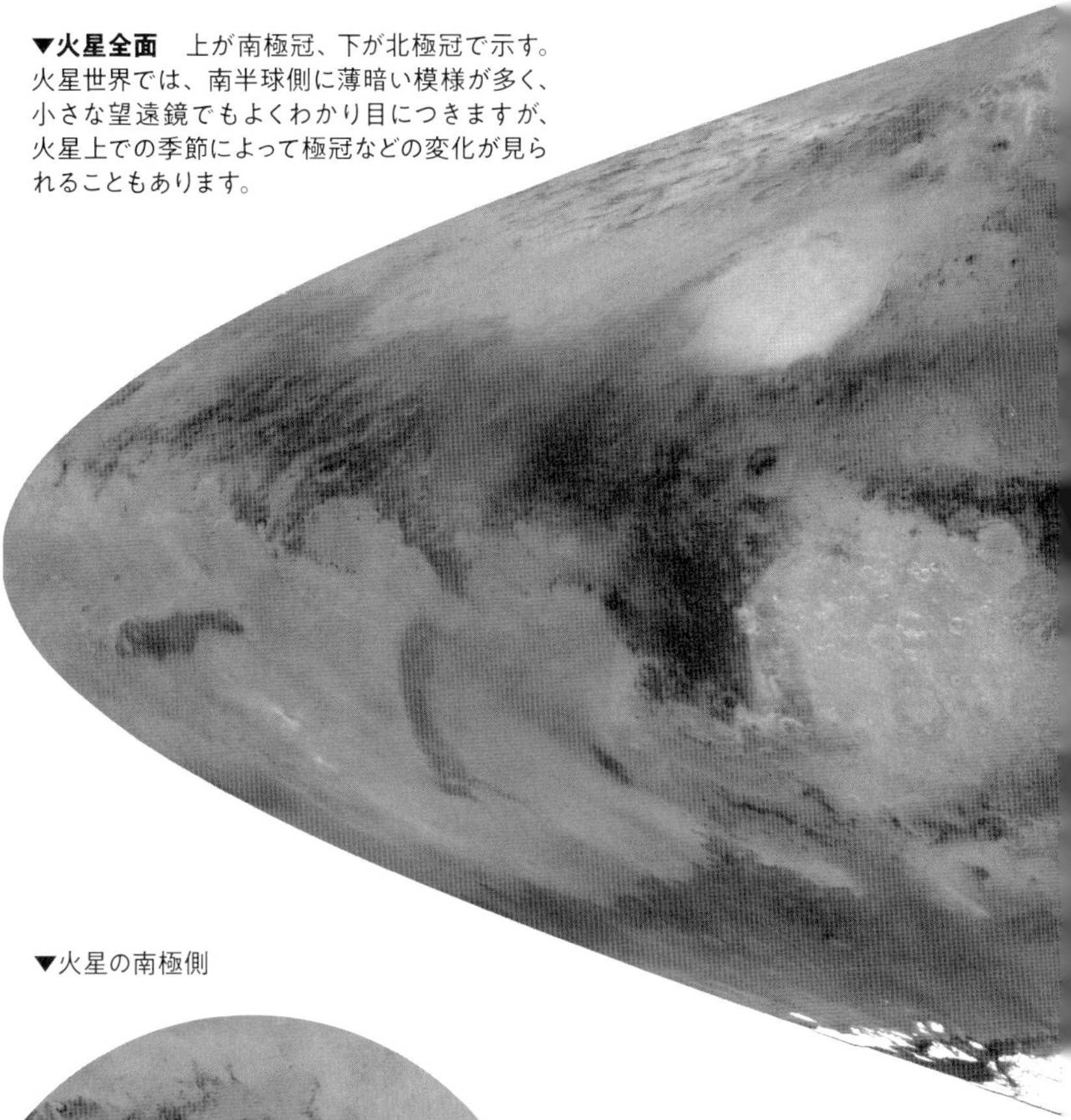

▼火星の南極側

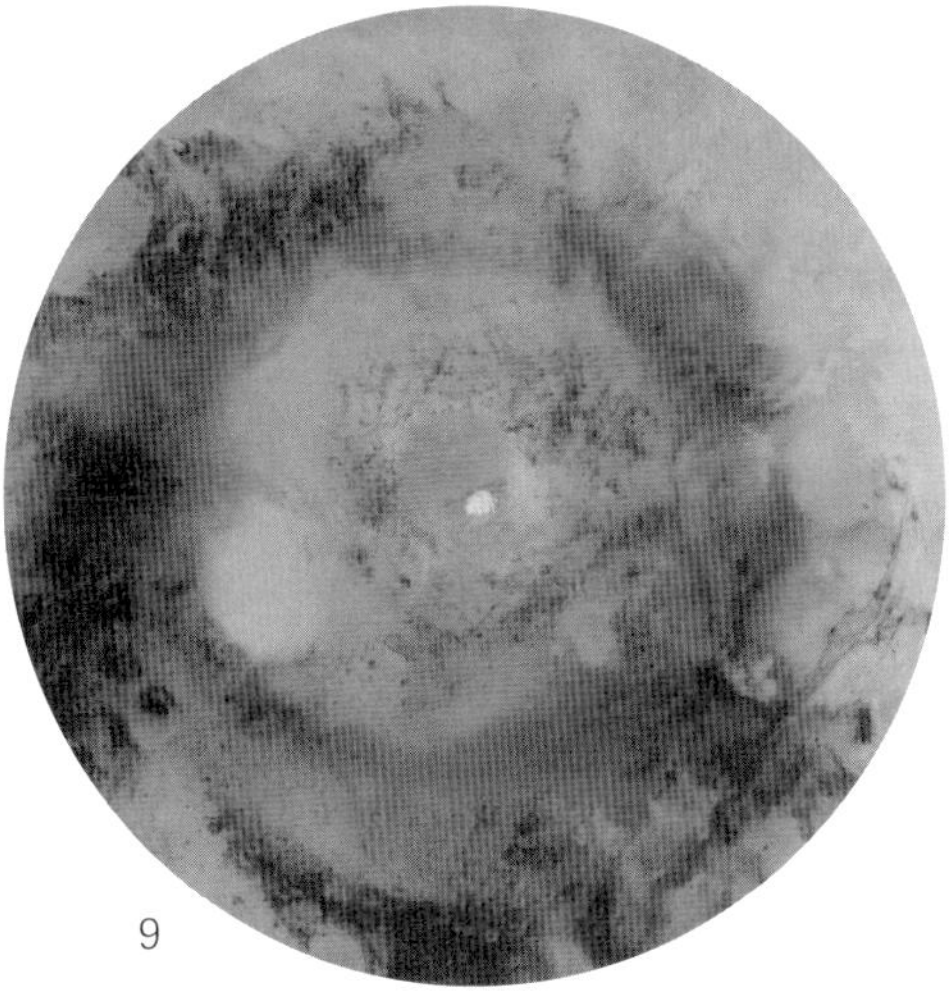

火星を見たときには見くらべやすいことでしょう。２０１８年の大接近のときに、白く見えるのが南極冠《なんきょくかん》です。このことからも、どちらが南半球になるのかすぐわかることでしょう。

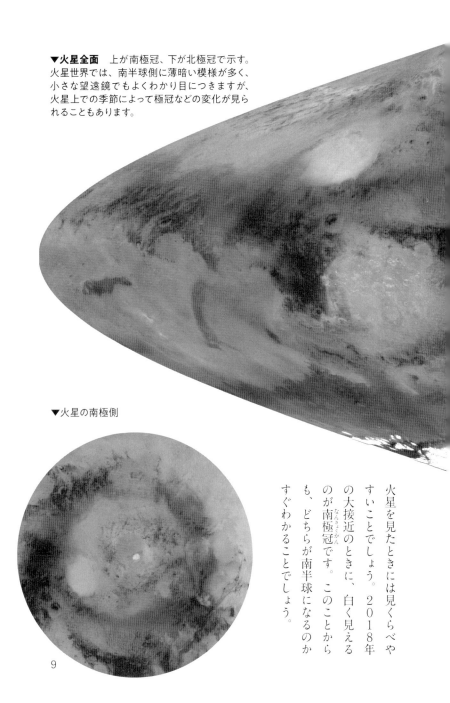

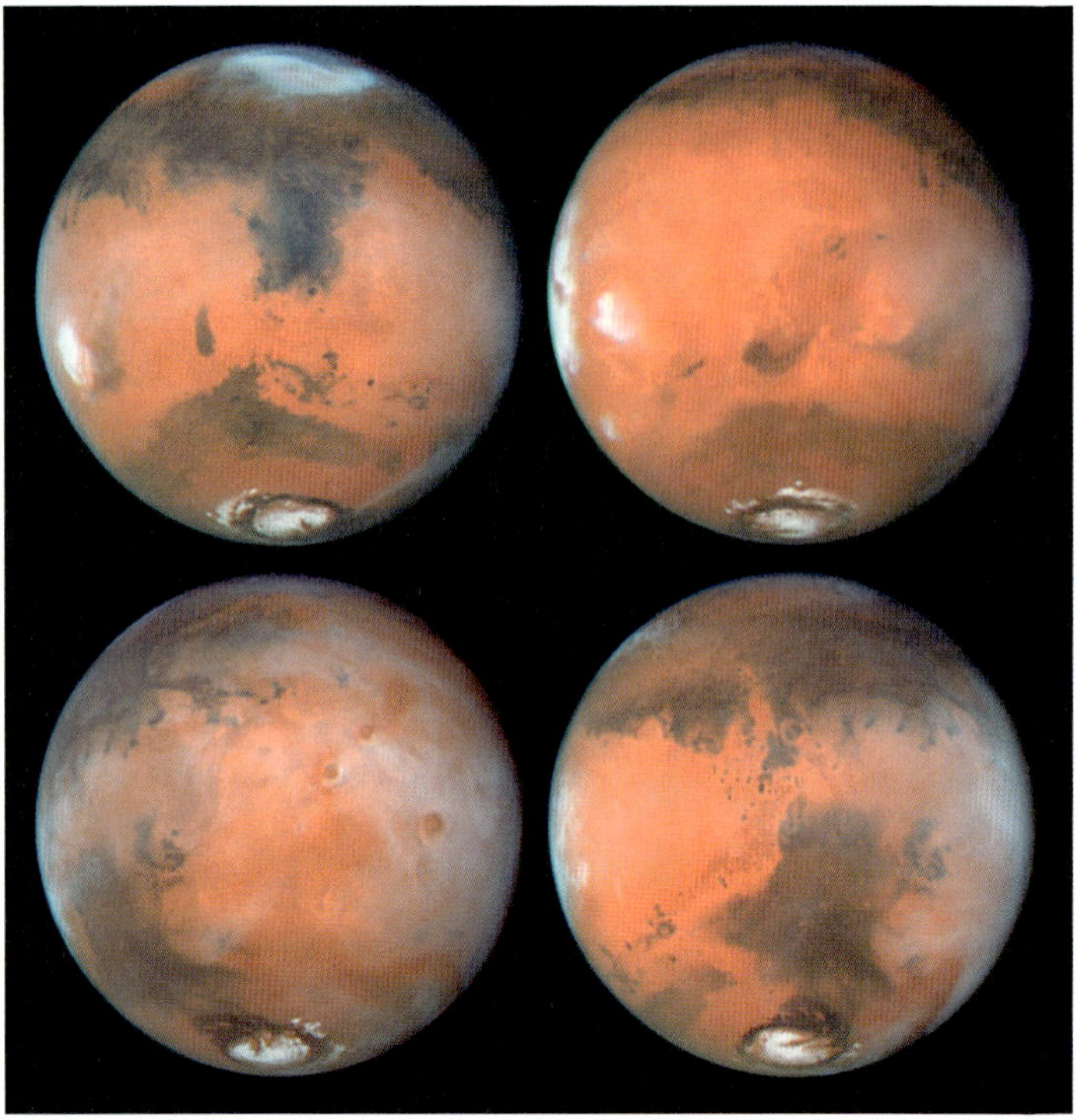

▲ハッブル宇宙望遠鏡がとらえた自転する火星　下方の白いものが北極冠《ほっきょくかん》です。

▼ハッブル宇宙望遠鏡　地球の大気に邪魔されることなく宇宙空間から鮮明な火星像をとらえました。

自転する火星

火星はなにもかも地球によく似た惑星で、24時間少々で自転する様子さえそっくりです。このため、時間とともに移り変わる火星面の姿を楽しむことができます。

▲火星世界の眺め　数多く送り込まれた探査機によって火星面の詳細な様子がとらえられ、もはや地上からの観測の時代ではなくなってきているともいえます。写真の下方に横たわる巨大なマリネリス峡谷は、幅約100km、深さは約7000mもあり、かつて火星で起こった大規模な地殻変動でできたものらしく、満々と水をたたえた時代もあったと考えられています。左端には火山の列も見られ、今や火星世界の自然をわくわくしながら楽しませてもらえる時代が到来しているといってよいでしょう。

火星の記号

この夏、地球へ大接近中の火星が木星をしのぐ明るさで赤々と輝くのを目にすると、誰だって不気味さを感じることでしょう。そのイメージは古代の人々にとっても同じで、火星のあの赤い色は戦争や血を連想させ、ローマ神話では火星に軍神《ぐんしん》マルスの名が与えられたのも不思議はありません。英語ではマーズで、スーパームーンのよび名に似て、今回の火星の大接近による輝きはスーパーマーズなどとよばれています。ローマ神話のマルスは、ギリシャ神話のアーレスと同一視され、さそり座の真っ赤な1等星アンタレスは、「アンチ」＋「アレース」、つまりアーレスに対抗するもの、または火星の敵という意味で名付けられたものです。2018年の大接近は、やぎ座にいる火星とさそり座のアンタレスは少し離れてはいますが、同じ南の空で見くらべることはできます。赤さの色あいではアンタレスの方が勝るものの、－2.8等の火星はアンタレスの33倍近い明るさで輝いていますので、明るさでは火星の圧勝です。

なお、火星の惑星《わくせい》の記号は、マルスの盾《たて》と槍《やり》を表わしたもので、男性を表わすときのシンボルとしても使用されます。

第1章
火星という惑星

▲**海のあったころの火星**（想像図）　火星の地形には、氷河のつくるU字谷や海岸段丘など地球にあるものとよく似た地形が見られます。南半球側より平均して5000mも低い火星表面の3分の1ほどの広大な平地の北半球には、水をたたえた海が広がっていたらしいのです。そんな太古の火星の姿をイメージしながら望遠鏡で見る火星の姿も興味深いといえます。

火星のデータ

地球のすぐ外側を回る火星は、地球の直径のおよそ半分ほどの小さめの惑星《わくせい》です。その火星の具体的なデータと太陽系のほかの惑星と火星との比較をまずつかんでおくことにしましょう。

火星　Mars

赤道半径　3396km
（地球のほぼ半分）
質量（地球を１として）　0.10745
密度　3.93g/cm^3
太陽からの距離　２億 2790 万 km
自転周期　1.0260 日
自転軸の傾き（赤道傾斜角）
25.19°
公転周期　1.8809 年（約 687 日）
公転軌道の黄道面からの傾き
1.849°
公転軌道の形（離心率）　0.0934
衛星　２個
明るさ（極大光度）　－ 2.9 等
重力（地球を１として）　0.38

▲**太陽系惑星の大きさくらべ**　水星、金星、地球、火星の４個の惑星が、地球と似た岩石質の惑星です。木星や土星のようなガス惑星にくらべ、いかに小さな天体であるかがわかります。天王星と海王星は太陽から遠く氷惑星といった天体です。しかし、これら太陽系の惑星たちを全部よせ集めても太陽の重さの 0.13%にしかなりません。太陽がいかに大きな存在かがうかがえることでしょう。

▲太陽系天体たちの軌道　太陽を中心にめぐる天体の集まりが「太陽系」です。その顔ぶれは惑星をはじめ、惑星をめぐる衛星たちに準惑星、小惑星、彗星、流星となるチリなど多彩です。このうち太陽系第３惑星が私たちの住む地球で、その外側をめぐる火星は太陽系第４番目の惑星ということになります。火星にはごく希薄ながら大気があり、地球と同様、気象現象もあります。

火星と地球くらべ

地球の直径のおよそ半分の大きさというのが火星の実態ですが、似たもの同士といわれると、その実情がイメージしにくいかもしれませんので、ここでは地球と火星の比較を図で示してくらべてもらうことにしましょう。

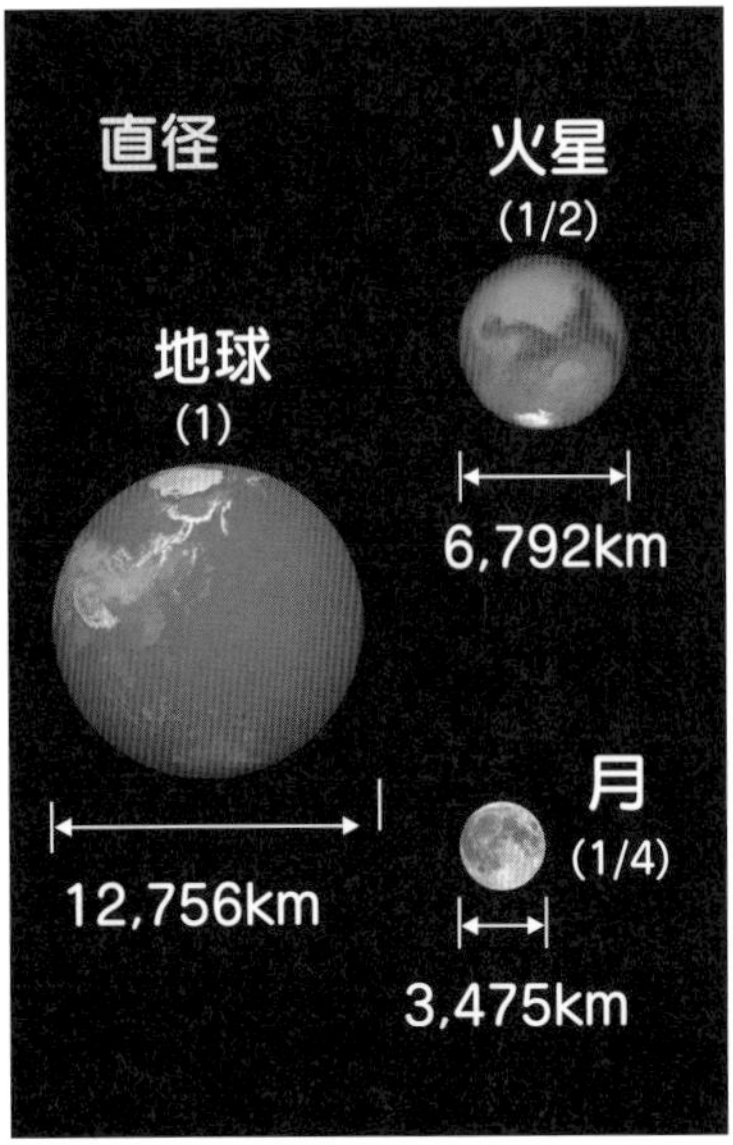

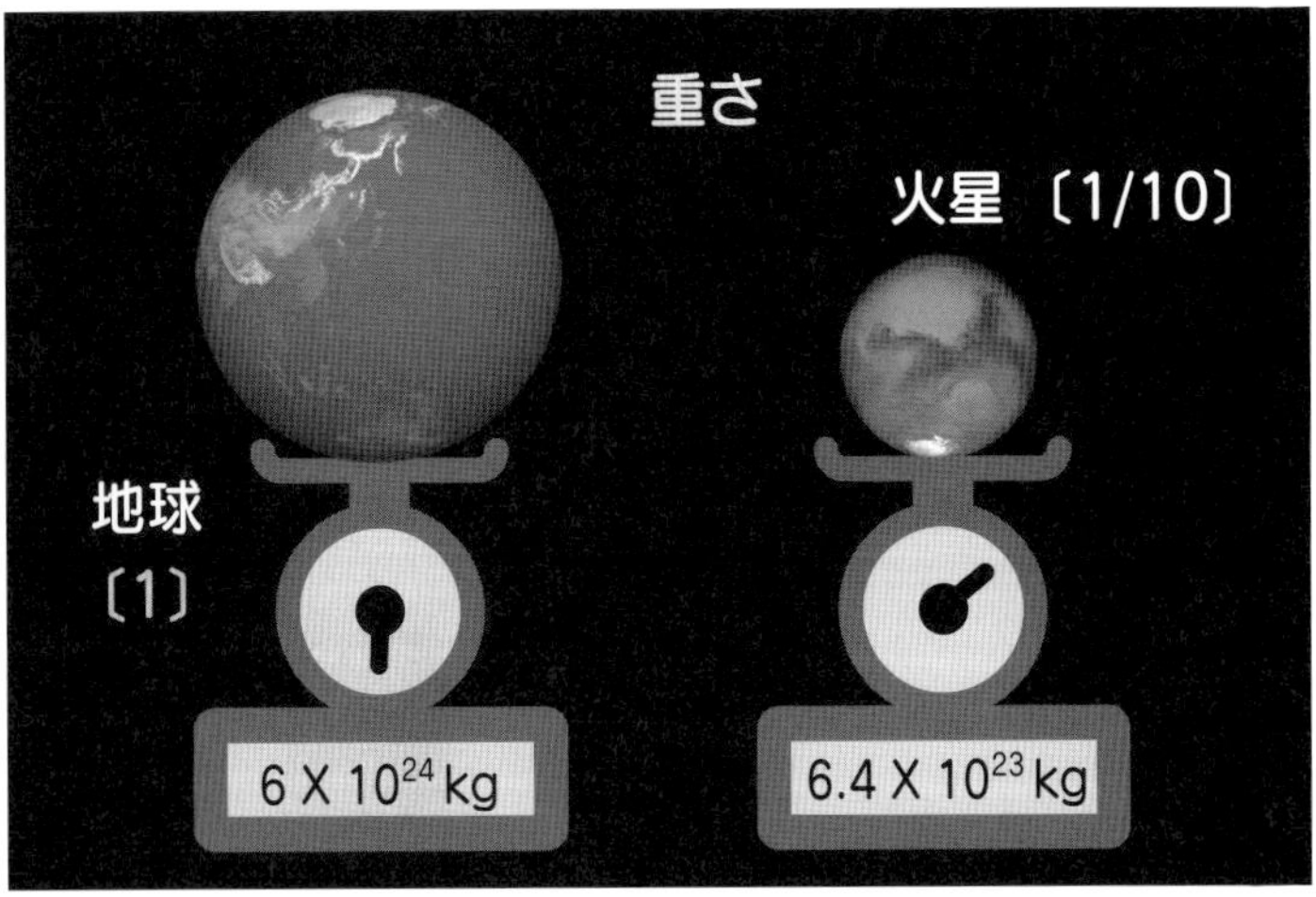

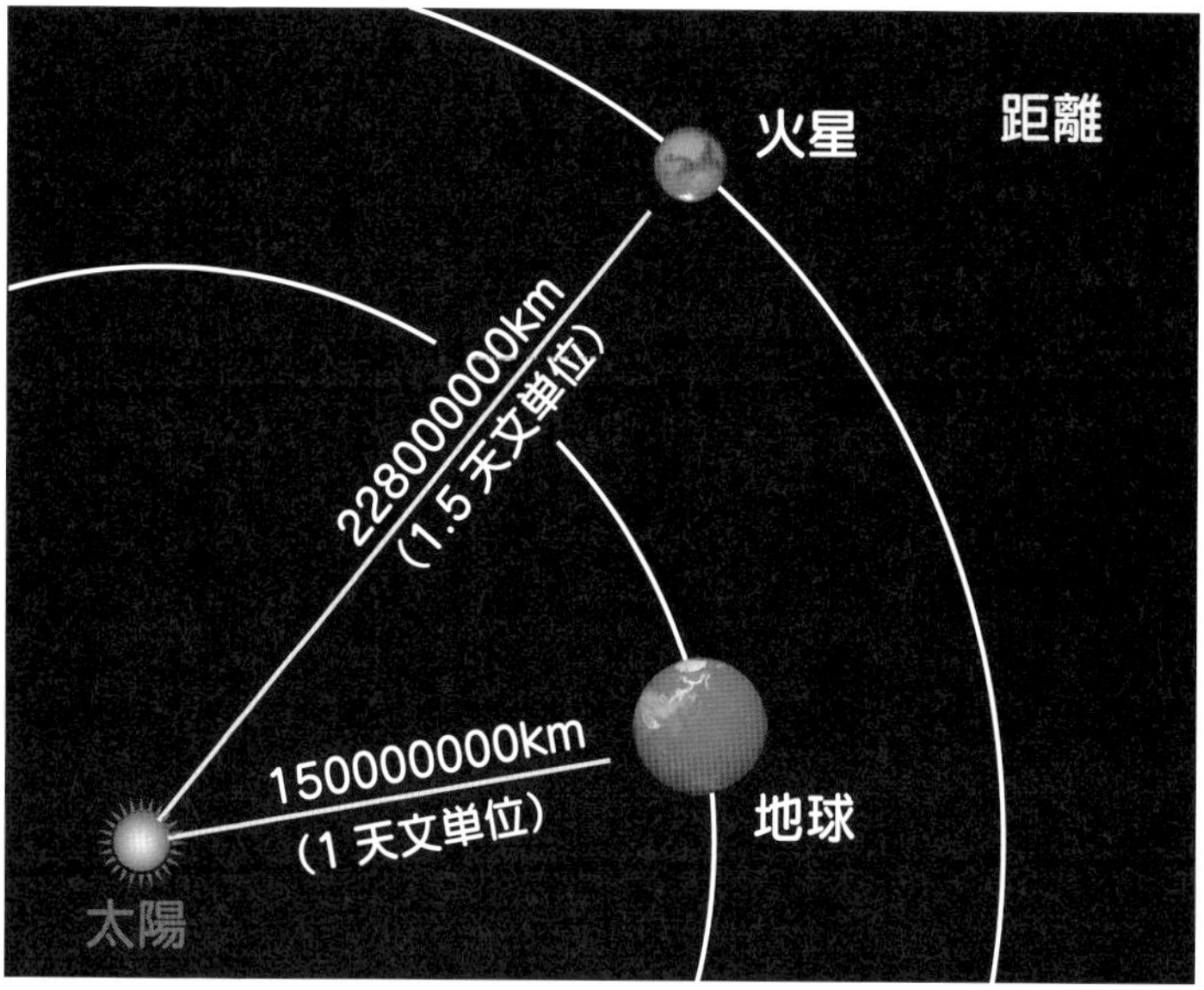
距離
火星
228000000km
（1.5 天文単位）
150000000km
（1 天文単位）
地球
太陽

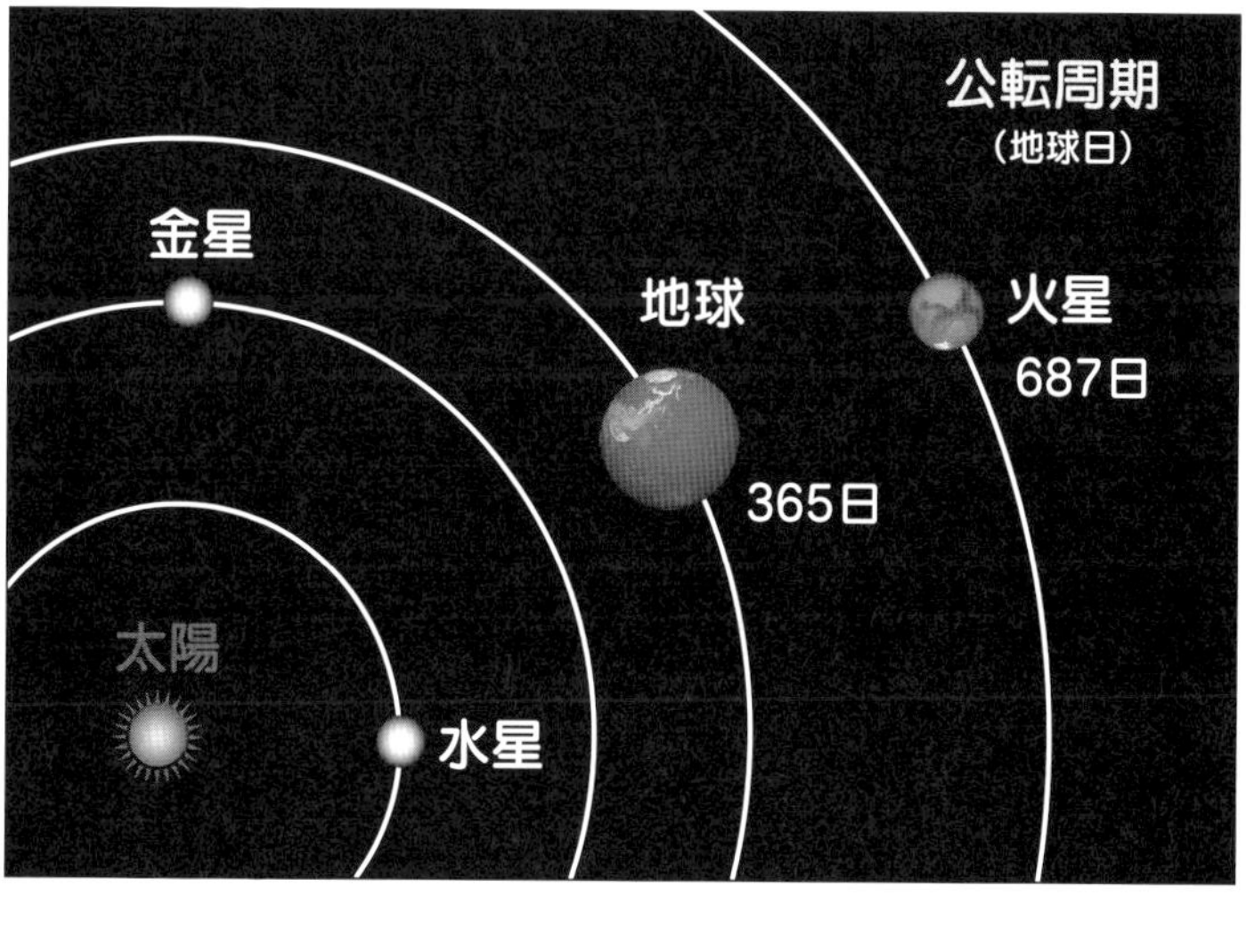
公転周期
（地球日）
金星
地球
火星
687日
365日
太陽
水星

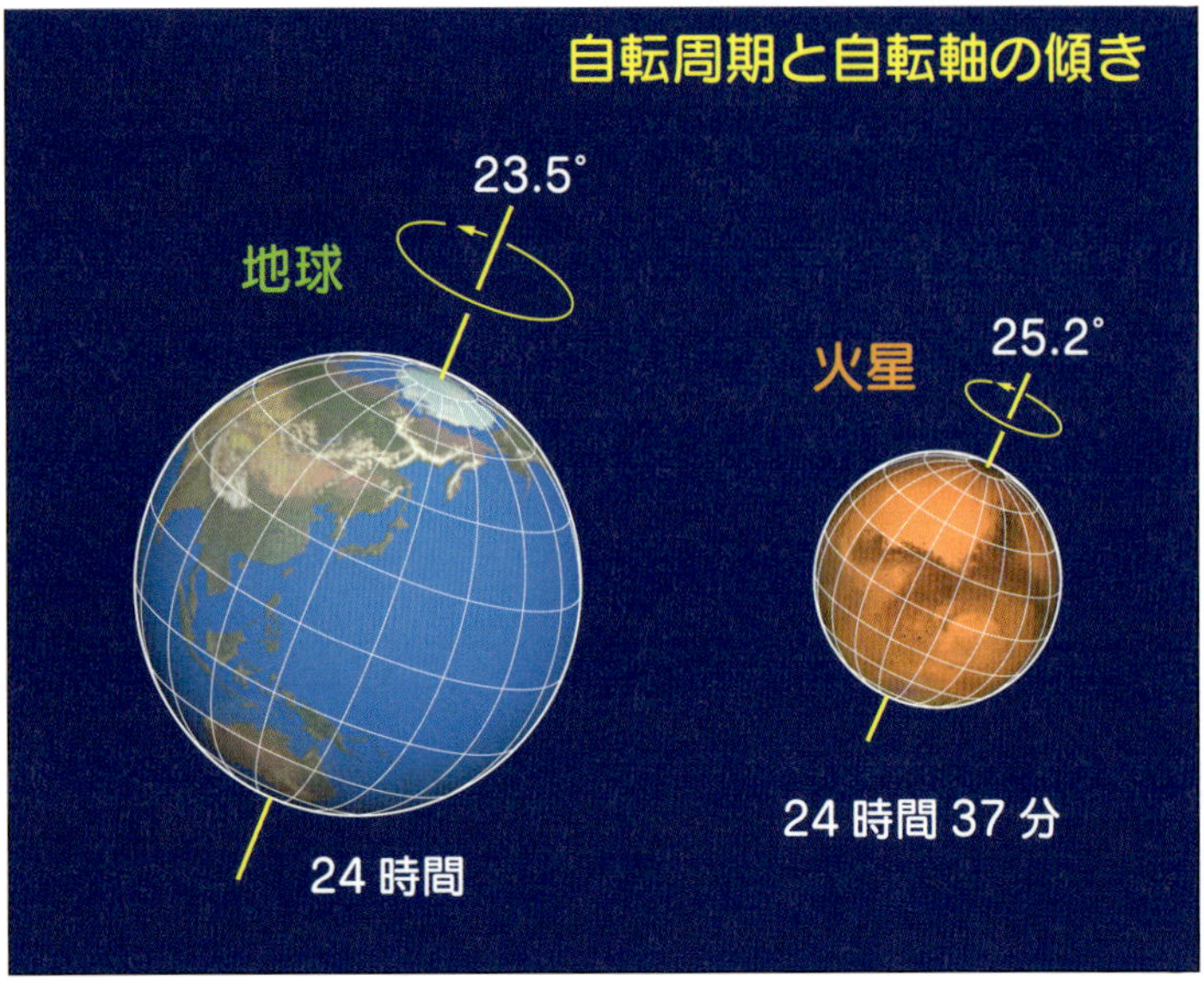
自転周期と自転軸の傾き
23.5°
地球
25.2°
火星
24時間37分
24時間

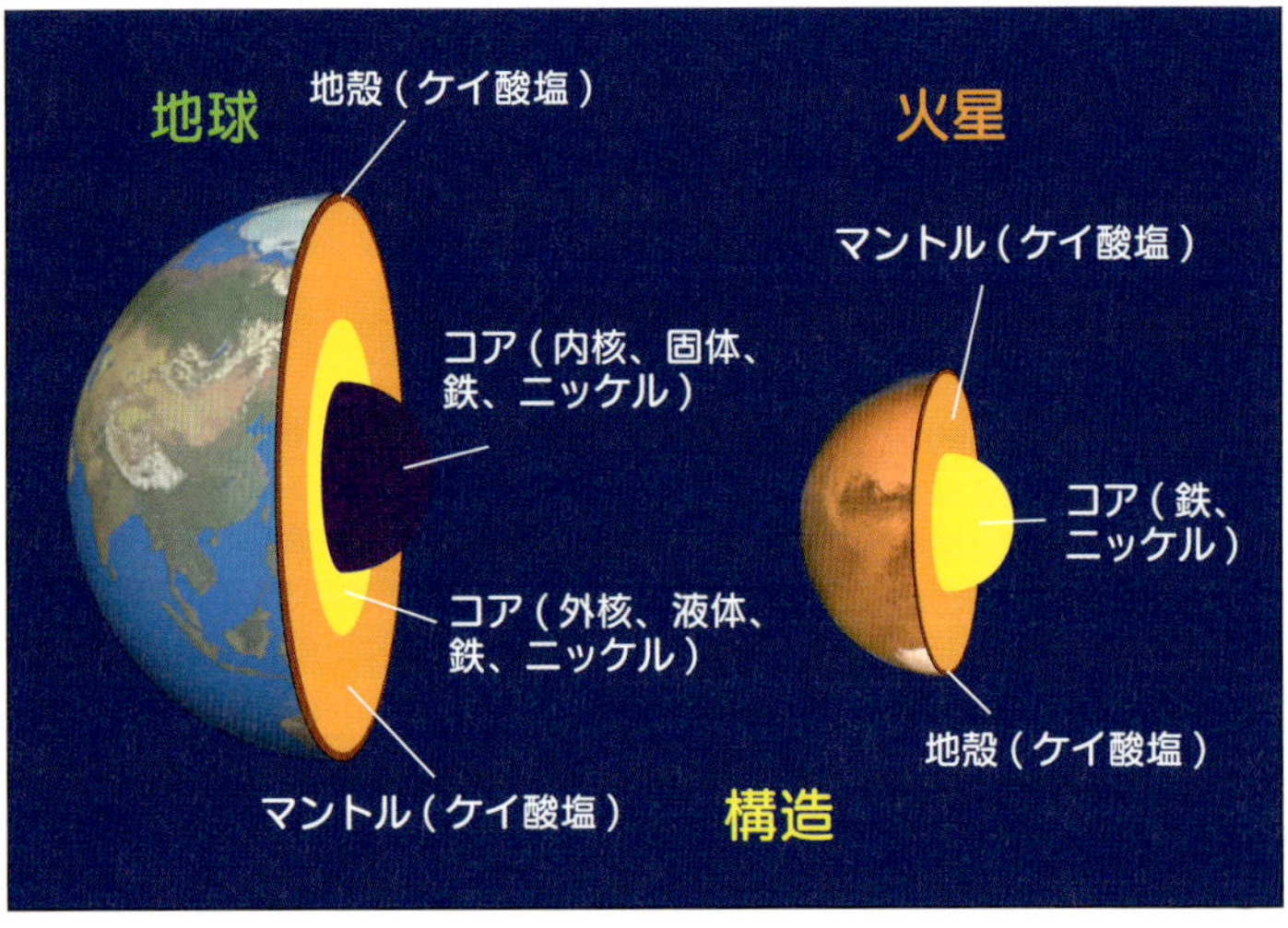
地球
地殻（ケイ酸塩）
火星
マントル（ケイ酸塩）
コア（内核、固体、
鉄、ニッケル）
コア（鉄、
ニッケル）
コア（外核、液体、
鉄、ニッケル）
地殻（ケイ酸塩）
マントル（ケイ酸塩）
構造

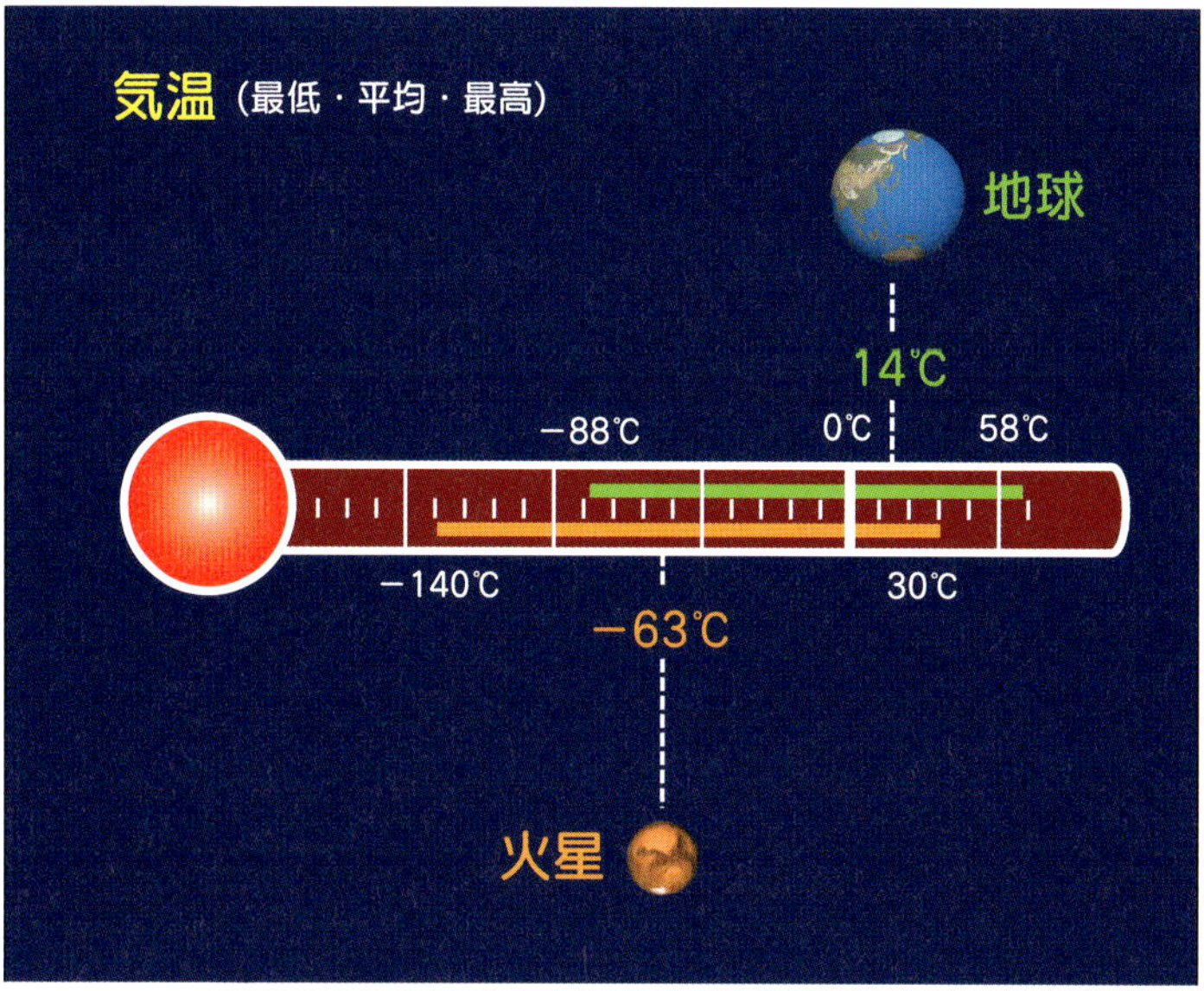
気温（最低・平均・最高）
地球
14℃
−88℃
0℃
58℃
−140℃
30℃
−63℃
火星

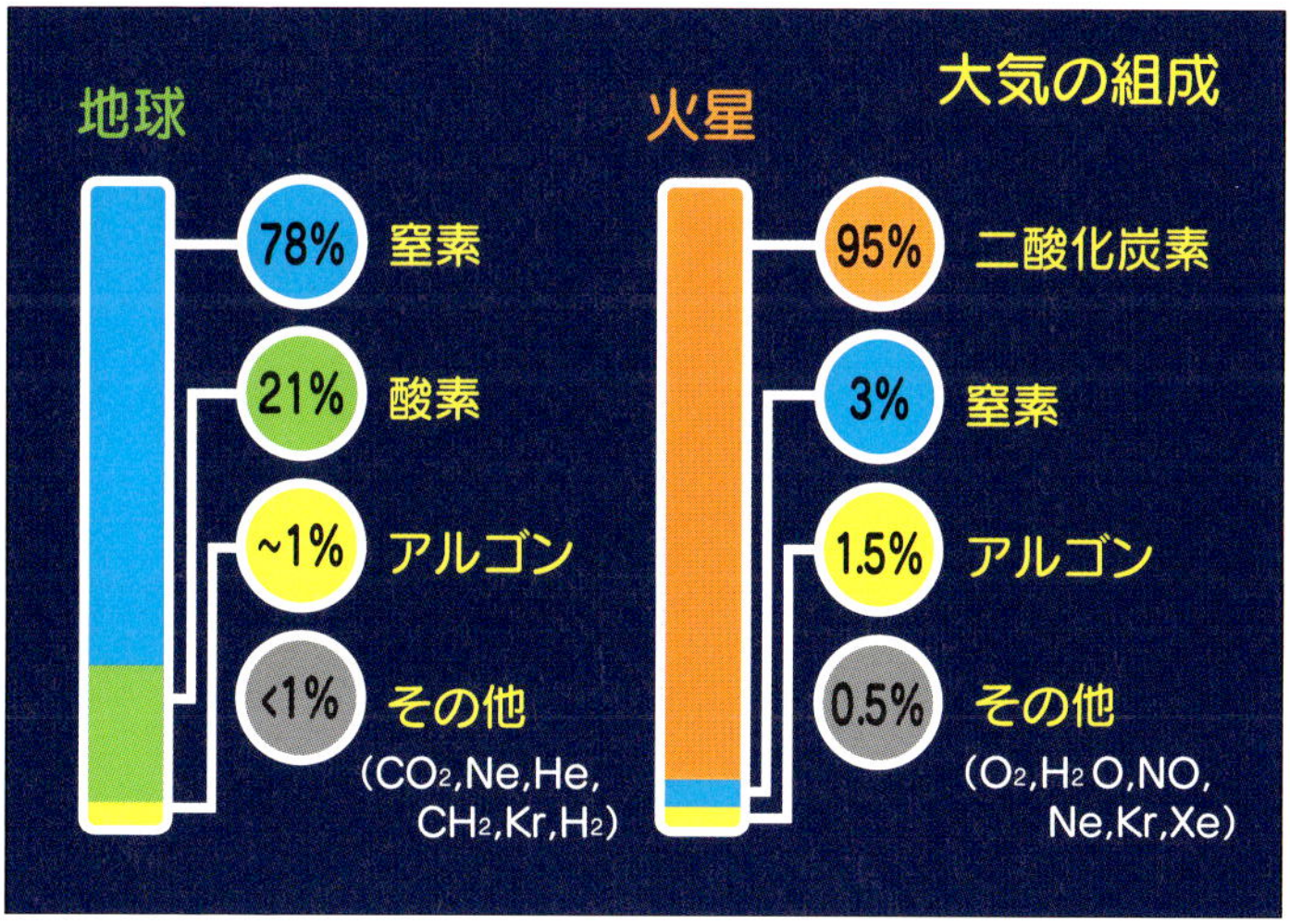
大気の組成
地球
78% 窒素
21% 酸素
~1% アルゴン
<1% その他
（CO2,Ne,He,
CH2,Kr,H2）
火星
95% 二酸化炭素
3% 窒素
1.5% アルゴン
0.5% その他
（O2,H2 O,NO,
Ne,Kr,Xe）

火星のオリンピック

世界新記録の樹立…4年ごとに開催されるオリンピックの競技場でのアスリートたちにとってもっとも誇らしく、観客にとってももっとも興奮する一瞬といえましょう。2020年の東京オリンピックでもそんなシーンを数多く目にすることになりそうです。

あらゆるスポーツは、人間にとって極限の記録を求め続け、これからも賞賛《しょうさん》の拍手の中で繰り広げられていくことでしょう。しかし、時代がたとえば1000年も進んだ後の時代となるとどうでしょうか。そのころの地球人たちは、すでに活躍の場を太陽系全体に広げ、生まれ故郷や出生地が月はもちろんのこと、火星や木星の第2衛星《えいせい》エウロパなどという世代の人たちも登場してきていることでしょう。そうなると記録の認定は開催される惑星や衛星の条件によってひどく異なることになり、ややこしいことになってきます。

地球上の場合でさえ、標高の高い場所で重量挙げをすると良い記録が出るといわれているくらいですから、各天体の大きさや重力の強さの違いが記録に大きく影響されることになるからです。たとえば、火星でオリンピックが開催された場合を例に考えてみましょう。

火星の直径はおよそ6700㎞ですから、地球の半分少々といったところで、体積は地球の6分の1弱、質量は地球の10分の1しかありません。つまり、火星の大きさや質量がこんなに小さいので、火星表面における重力も地球にくらべるとずっと弱く、地球の0・38倍しかありません。このため体重200kgの重量級横綱でも火星で体重計に乗ると、たった76kgにしかならないのです。体重に悩む人は、火星で体重測定をすれば体つきはまったく変わらなくても数字の上からだけはまことに喜ばしい結果がすぐに出ることになるわけです。このことは心臓病をはじめ地球上でのさまざまな病気の治療などにも大きな効果を発揮し、入院も月や火星で、となる時代がやってくるかもしれません。

それはさておき、話を元にもどし、火星オリンピックでの新記録はどうでしょうか。

たとえば、陸上競技の走り高跳《と》びの例で見ると、地球上で世界記録の2・45m跳べる人は、楽々6.4mのバーをクリアできることになります。走り幅跳びで8.9mなら、なんと23mも跳べることになり、砲丸投げなら地上で23mの記録の持ち主なら、あの重い球を56mも投げ飛ばすことができることになるわけです。

スポーツの〝太陽系新記録〟をどう調整し認定すればよいのか、未来のオリンピック委員会は、頭を悩ますことになりそうです。

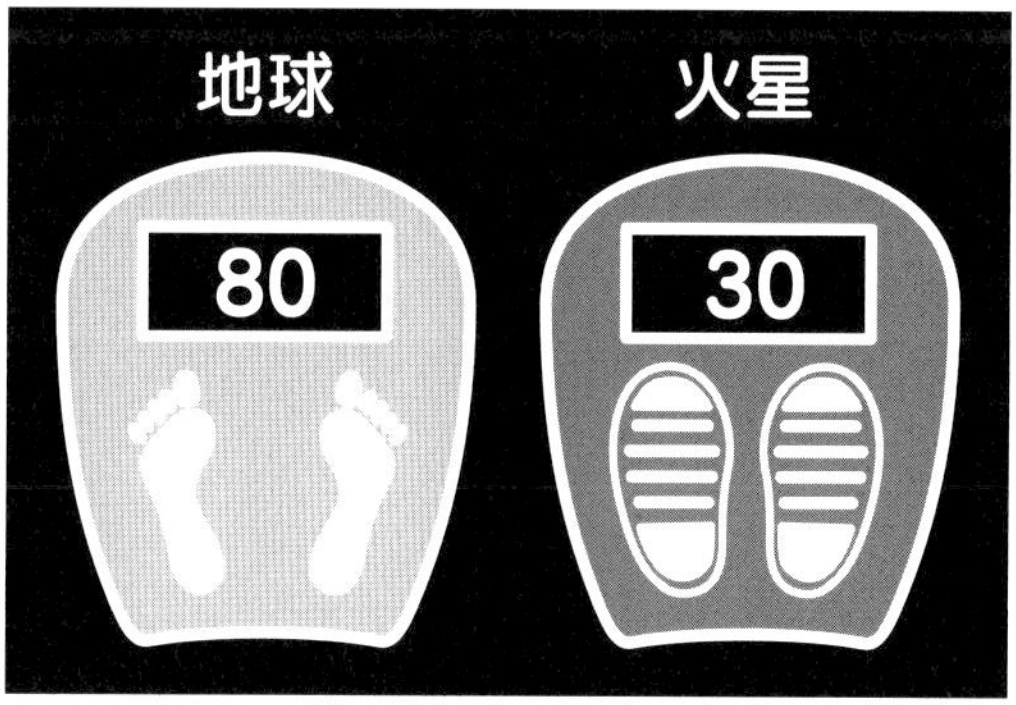

▶火星での体重は？
地球で体重計に乗ると80kgのちょっと肥満気味の人も火星ではその0.38倍のおよそ30kgにしかなりません。さて、あなたの火星での体重はどのくらいでしょうか。

火星の小さな衛星たち

火星には、いろいろ奇妙なところのある2つのごく小さな衛星が回っています。そのうち大きめのフォボスは、火星が1日に24時間37分で自転《じてん》する間に3回も火星の周りを回ってしまいます。このため、火星上に立って見ていると、火星の上空約6000kmのところで、西から昇ったフォボスが金星ほどの明るさで輝きながら大急ぎで東の空へと動いていき、沈んでいくことになります。

一方、小さめのダイモスは、火星上空約20000kmのところを30時間がかりでゆっくり回るので、東の空から西の空へ60時間もかかってゆっくり動いていくように見えることになります。

そしてフォボスもダイモスも火星の赤道面上にあって火星の表面に近過ぎ、へばりつくように回っている

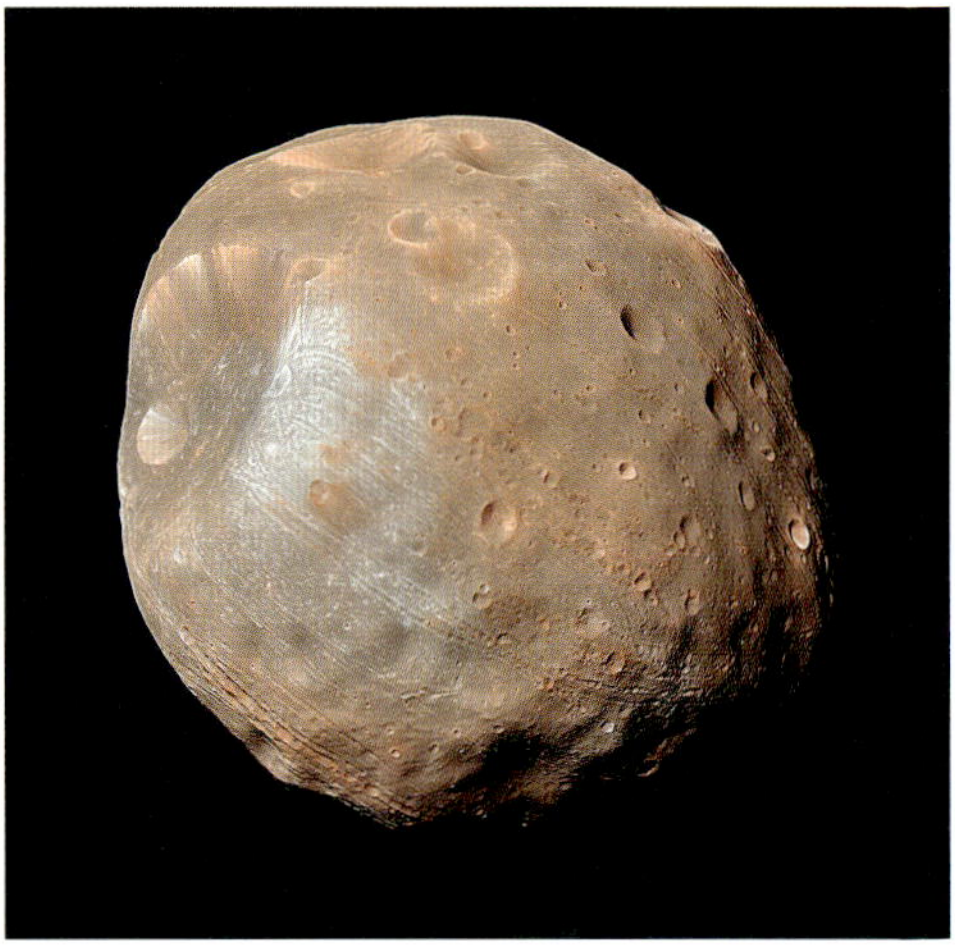

▶フォボス　惑星からの距離がもっとも近い衛星で、全体がラグビーボールのような姿をしています。フォボスは少しずつ火星表面に近付いていますが、ダイモスは反対に火星から遠ざかりつつあります。その昔、両者は分裂したのかもしれません。

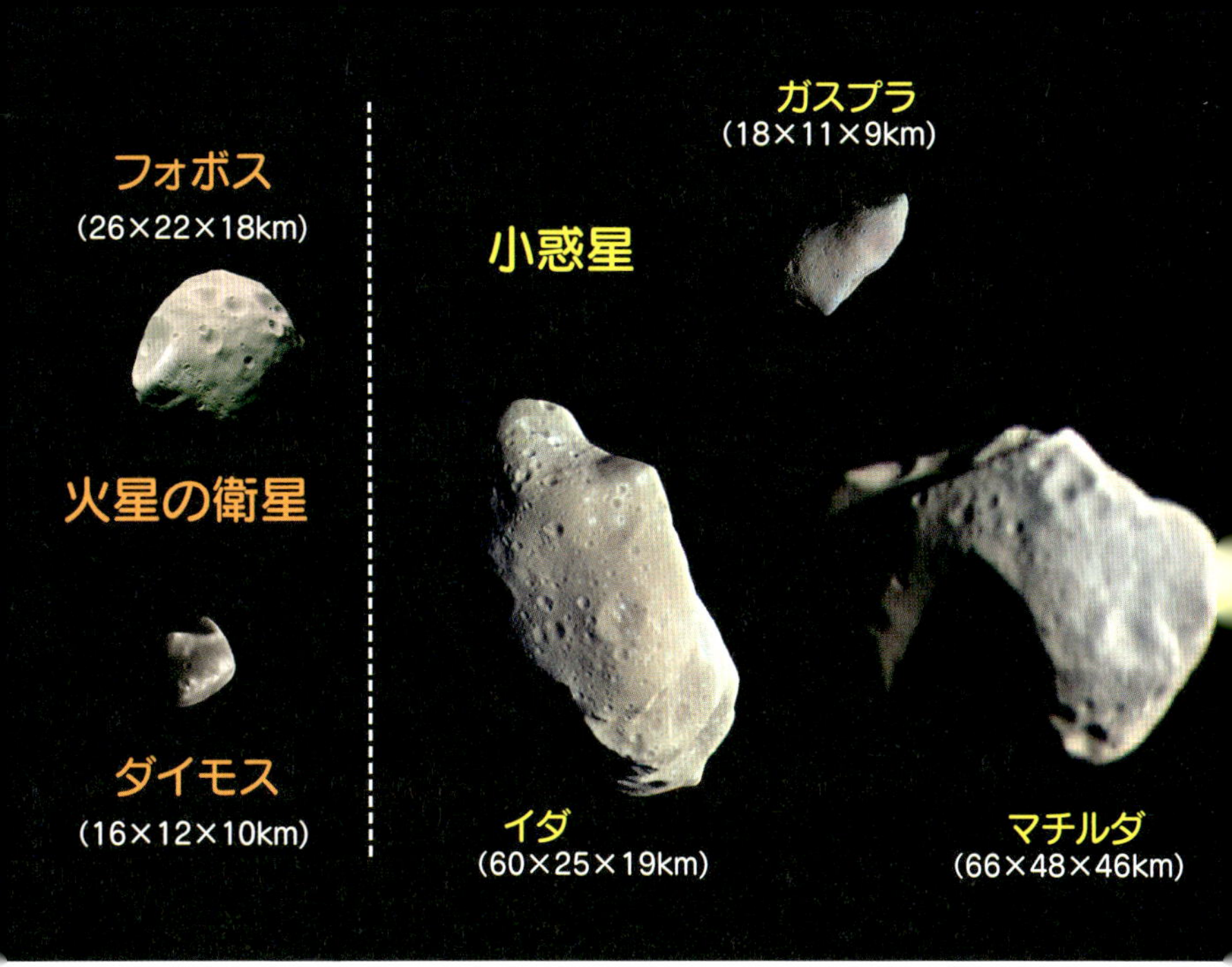

▲火星の衛星たちと小惑星の大きさくらべ　フォボスの大きさは26×22×18km、ダイモスの大きさは16×12×10kmで、小惑星たちとくらべてみても、決して大きいとはいえません。

ため、ダイモスは南北82度、フォボスは南北69度より高い極地方ではまったくその姿にお目にかかれないのです。逆に火星半径の2.8倍のところを回るフォボスから見ると、火星の大きさは、地球で見る月の82倍、つまり見かけの大きさが42度にもなって空におおいかぶさるようなイメージで見えることになります。

この小さな衛星たちの正体については、小惑星《しょうわくせい》が火星の重力に捕まってしまったらしいとか、さまざまな説が取りざたされています。フォボスなどは100年に約2mの割合で火星に近付いているため、5000万年後には火星へ落ち、砕《くだ》け散るとも予想されています。

火星からの来訪者

地上で見つかる隕石《いんせき》の中には、SNC隕石とよばれる、火星からやってきた隕石の一群が見つかっています。インドのシャーゴッティ、犬に当たったとされるエジプトのナクラ、フランスのシャシニの3点から拾われたことから、それぞれの地名の頭文字をとってSNC隕石の名でよばれているものですが、年齢が2億年から13億年とふつうの隕石の46億年にくらべ圧倒的に若く、火山溶岩の性質が見られること、バイキング探査機による火星大気の組成《そせい》そっくりなどから、火星の石とその素性《すじょう》が確実視されるようになりました。つまりSNC隕石の正体は、大昔、火星に小惑星や彗星《すいせい》が激突、そのとき跳ね飛ばされた石が宇宙空間に飛び出し、太陽系をめぐるうち地球に落ちてきたものというわけです。このように生命の素材がほかの天体から地球へ運び込まれるチャンスは多いらしく、地球生命が始まったとされる「パンスペルミア説」が取りざたされています。

▲火星から飛来した隕石

第2章
火星の物語

▲ビーナスとマルス　愛と美の女神ビーナスと軍神マルスは、ローマ時代には夫婦の神として見られていました。左上には愛の弓矢を持つキューピットの姿も描かれています。

軍神マーズの惑星

赤い火星のあの不気味とも思える赤い輝きは、古来、戦乱や不幸、災厄《さいやく》をもたらすイメージがつきまとい「凶《きょう》」の星と見られてきました。英語ではローマ神話のマルスからきたマーズの名でよばれますが、これは軍神《ぐんしん》マーズで、ギリシャ神話のアーレスにあたっています。

▲軍神マーズ　不気味に見える火星の赤い輝きは、昔から人々に不安な印象を与え、不吉な軍神の星と見られていました。

アーレスは、大神ゼウスとその妃《きさき》ヘラの間に生まれた由緒《ゆいしょ》正しい男神でしたが、腹違いの姉アテナ女神もまた軍神でした。ただ、アテナがいつも正義の戦いを指揮していたのに対し、アーレスの方は、血なまぐさい戦いの方を好み、武器をとって激しく打ち合う乱闘と殺りくをつかさどる軍神として恐れられていました。頭を使って戦略的な戦を繰り広げたアテナ女神とは、同じ軍神でも大きな違いがあったわけです。あの有名なトロイ戦争のときも、アテナ女神はギリシャ軍側につき、アーレスはトロイ側について戦ったとされています。

アーレスは、いつも父親のゼウス神からこういって叱られてばかりだったといわれます。

「おまえは、神々の中で一番の嫌われ者ではないが、世の中の争いごとと不和《ふわ》ばかりを喜んでおるではないか、まったく困った奴じゃ……」

こんなふうでしたから、アーレス自身も人間の勇者《ゆうしゃ》に槍《やり》で突かれたり、巨神族《きょしんぞく》との闘《たたか》いでは捕らえられて1年以上も鉄の鎖でつながれたり、幾度となく危険な目にも合っていました。そして、ローマ神話の軍神マルスは、いつも2人の息子を連れていました。一人はダイモスで、これは〝恐怖〟を、もう一人はフォボスで〝敗走〟の意味の名でよばれていました。戦争に恐れや恐怖、敗走はつきものです。フォボスとダイモスの名は、火星の2つの小さな衛星に名付けられています。

火星が、地球から遠く離れているときには暗く、運行もゆっくりですが、ひとたび大接近ともなれば星座の星ぼしを蹴散《けち》らし、荒れ回るような豹変《ひょうへん》ぶりで、赤く明るく輝くさまは、妖星《ようせい》のイメージそのままで、軍神のよび名を付けられたとして不思議はないといえましょう。

火星の赤い輝きのわけ

「熒惑出れば則ち兵あり入れば則ち兵散る」

中国前漢の有名な史家、司馬遷《しばせん》の〝史記《しき》〟の天官書《てんがくしょ》の中にある一節です。

熒惑と書いてケイコク、またはケイワクと読みますが、これはもちろん火星のことです。つまり火星は兵乱の兆《きざ》しを示す星だというわけです。

日本の「和漢三才図絵《わかんさんさいずえ》」でも、火星を不吉な星としてわざわい星とよび、ギリシャ神話ではもちろん軍神アーレスのことです。いずれも火星のあの真っ赤な輝きが血を連想させところからきているわけですが、火星があんなに赤々と見えるのは、表面の3の2以上が褐鉄鉱《かってっこう》のような鉄の酸化物を含む土でおおわれているためというのがその正体です。つまり赤茶けたチリが吹きすさぶ砂嵐によって、火星全体に運ばれ、厚い層となって降り積もっているというわけなのです。玄武岩質《げんぶがんしつ》の岩石が長い年月をかけ風化し、赤い土ができるためには、地球の熱帯地方のように暖かく湿った気候の条件が必要で、過去の火星が濃い大量の水におおわれていたことを証拠立てるものと見られているのです。火星が、さそり座の1等星アンタレス並みに赤く輝いて見える理由は、実は火星世界での長年の自然の歴史的できごとと深く関わっていたというわけで、なんとも驚かされてしまいます。

▲逆さまのサソリとアンタレス、火星、土星の接近　南半球の西空に傾いたさそり座アンタレスと火星の大接近と土星の並んだ光景です。アンタレスと火星がこんなに近付いて輝きを競い合うことは、めったにありません。（2016年８月オーストラリアのチロ天文台で撮影）

和歌をよむ夏日星

敏達《びたつ》天皇の時代といいますから、今からざっと1500年近くも昔のことですが、歌よみの名人ともてはやされていた人物に土師連八島《はじのむらじやしま》という人がおりました。

ある夏の夜のこと、八島はいつものように家にこもって歌よみに励《はげ》んでいました。

ところが、この夜にかぎっては、さっぱりいい歌が思い浮かびません。

と、突然、その八島の前に童子《どうじ》が現われていいました。

「どうです。私と歌よみを競い合ってみることにしませんか…」

八島も初めはびっくりしましたが、そこは当代一の歌よみの名人です。子どもの挑戦に引き下がるわけにはいきません。「おっ、それはおもしろい」と応じることにしました。

ところが童子のよむ歌ときたらどれも見事で、八島をうならせるものばかりです。

八島が時が経つのも忘れていると、やがて夜明けが近付いてきました。

八島は童子の正体を知りたいと思い、歌をよんでたずねてみました。

「我が宿のいらかに語る声はたえ、たしなに名のれ、よもの草とも」

童子はにっこりこれに答え、すぐ歌を返してよこしました。

「あまの原、南にすめる夏日星、豊聡《とよさと》に問へ、よもの草とも」

◀聖徳太子の説明を聞く八島　敏達天皇も、大使から歌よみの童子の話を聞かれ、聖徳太子のもの知りなことに感心され、大いに喜ばれたといわれます。

つまり天の南の空には夏火星が住んでいます。私のことは豊聡の王子に聞かれたらわかりますよ…というのです。夏火星は夏日星とも書き、火星のこと。そして豊聡の王子とはあの聖徳太子《しょうとくたいし》のことです。八島は、童子の帰り道をひそかにつけていきました。すると住吉のあたりでするりと海の中へもぐり込むようにして姿を消してしまいました。

大急ぎで帰り、聖徳太子に報告すると「おおそれはまさしく夏火星、火星でありましょう。あの星はしばし童子となって遊んで歩くということでもあり、歌づくりがたいそう好きだとのこと。よい歌をよみ聞かせてくれたのは人間わざではないからでしょう…」と答えたといわれます。

西郷どんの星

ＮＨＫのテレビ大河ドラマ「西郷《せご》どん」が大人気を博しています。西郷どんとは、もちろん明治維《めいじい》新《しん》で大活躍をしたあの西郷隆盛《さいごうたかもり》のことです。

明治10年といいますから、西暦では１８７７年のことですが、明治の新政府軍と西郷隆盛の率いる西郷軍の〝西南戦争〟のあった秋の夜空でのこと、地球に接近した真っ赤な火星が夜ごと輝いていました。その赤々と輝く姿を目にして人々は、うわさし合ったと伝えられています。

「西郷さんが討《う》ち死にして星になったのだ…」

「千里眼《せんりがん》でのぞくとあの星の中に西郷さんの姿が見えるのだそうな…」

千里眼というのは、もちろん望遠鏡のことです。そして、その火星を〝西郷星《さいごうほし》〟ともじって「最期《さいご》星」などとよんだといわれています。

この歳の火星は、９月２日に地球に５６３５万㎞までに大接近、マイナス３等星に近いすばらしい明るさで輝き、灯火のほとんどなかった時代だけに、夜な夜な現われる、その妖しくも赤い輝きが人々に強い印象を与えただろうことがわかります。そして西郷星は「蜂起《ほうき》」とかけ合わせて箒星《ほうきぼし》（彗星《すいせい》）ともよばれ、高潔で人徳厚い「西郷どん」が生き続け、世直しをしてくれることを民衆は期待していると、当時のマスコミは伝えていました。

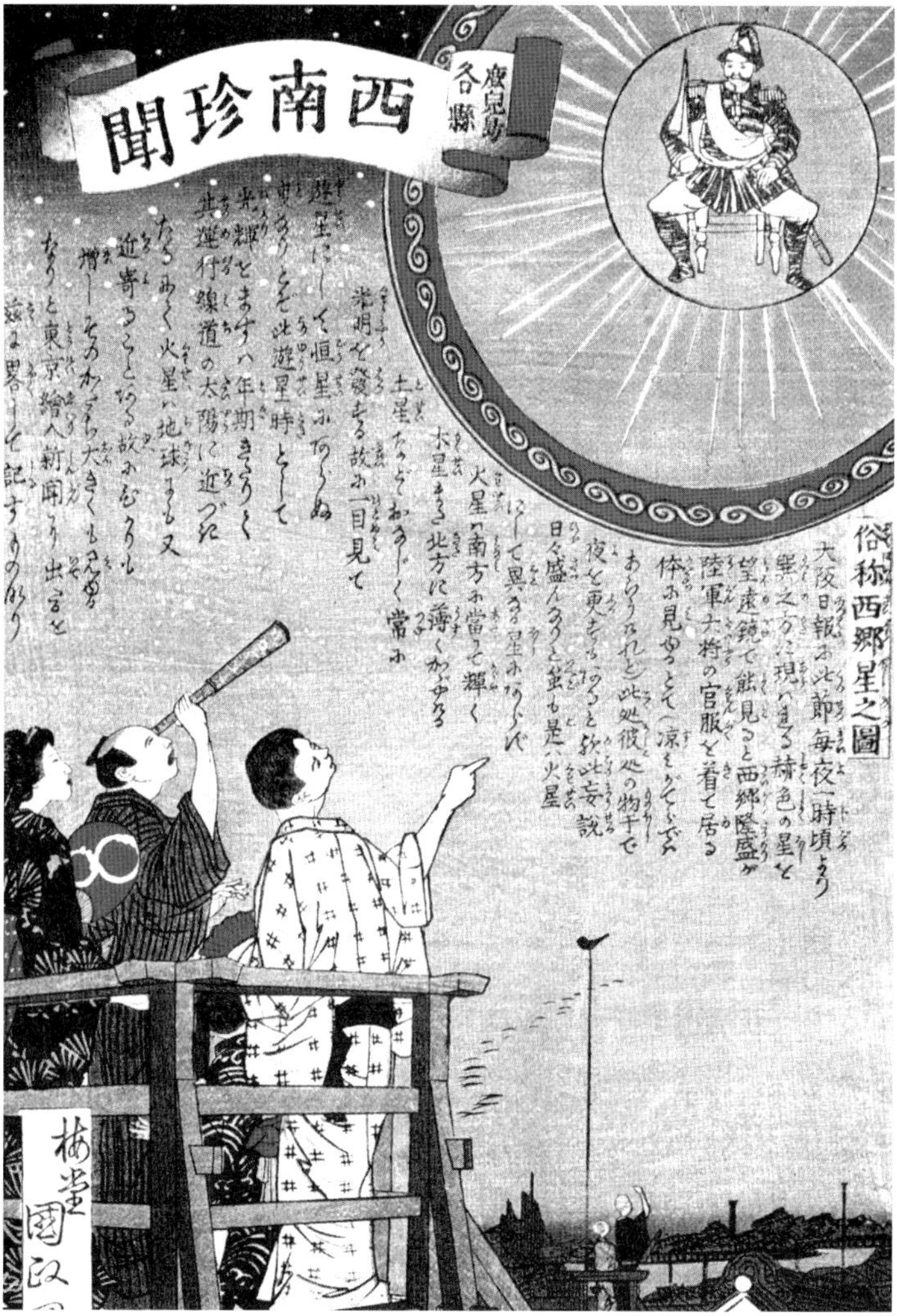

▲西郷星の錦絵　明治10年西南戦争の折、大接近中の火星を見上げ、西郷さんが亡くなって星になったとうわさし合う人びと。近くに土星も見え、この星は西郷さんにつき従った桐野星とよばれました。（梅堂国政画）

火星の小さな衛星の予言

56ページにお話ししてあるように、火星の2つの小さな衛星は、1877年にアメリカのA・ホールによって発見され、彼は火星を表わす軍神マルスにちなんで2人の息子、フォボス（敗走）とダイモス（恐怖）の名を付けました。ギリシャ神話では、この2人は軍神の戦車を駆《か》ったとされ、実にふさわしい名というわけです。見つけたのは確かにホールでしたが、実はこの2つの衛星の存在は、誰もが知っているあの「ガリバー旅行記」の中で150年も前にすでに予言されていたものなのです。

その物語の作者スウィフトは「天空に浮かぶ島の小人の国のラピュータの人たちはとても良い視力の持ち主で、93個もの彗星《すいせい》を発見し、火星には2つの衛星がある」と語らせているのですから驚きですが、実はこの予言はスウィフト自身によるものではなく、ケプラーなどが「地球には1個、木星には4個の衛星があるのだから、その中間の火星には2個の衛星があってもよい」などと著書

▲火星上空に浮かぶフォボス　火星の小さな衛星2個は、いつも同じ面を火星に向け回っています。

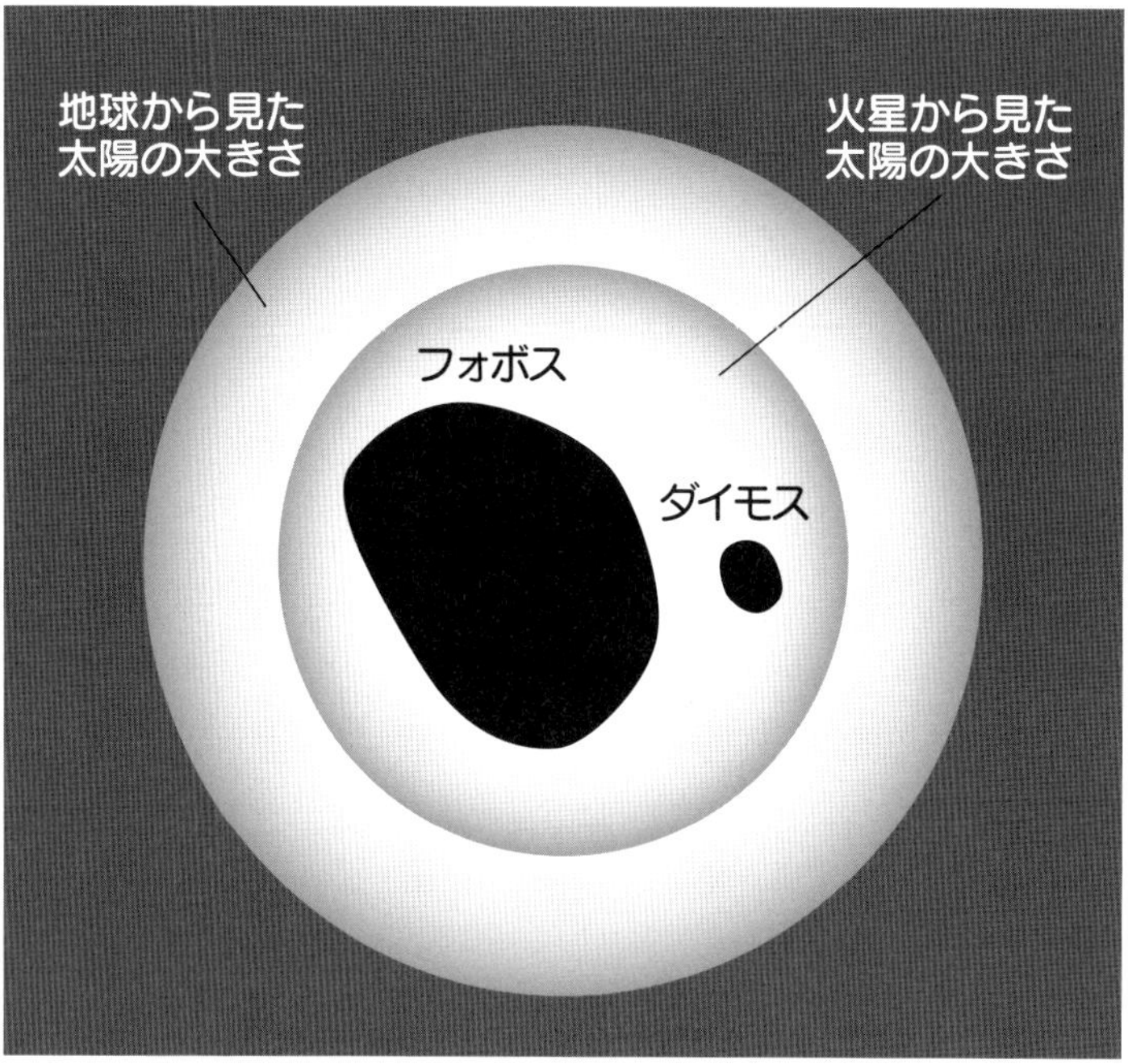

▲フォボスとダイモスによる日食

の中で述べ、それが当時、広く流《る》布《ふ》されていたことによるものといわれています。つまり、ガリバー旅行記の作者スウィフトもこのことをよく知っていて、物語中に引用したらしいのです。

　ちなみに地球上からは月と太陽が同じくらいの絶妙な大きさで見えるため、すばらしい皆既日食などを楽しむことができますが、火星から見る太陽の大きさは約21′で、フォボスは12′×11′、ダイモスは2′×1.9′くらいなので、とても太陽をおおい隠すことはできず、部分食かせいぜい金環日食で、それも太陽がまぶし過ぎてとても見ていられないことでしょう。

火星観測小史

1610年：	火星の満ち欠けの発見（ガリレオ） 火星に2個の衛星があると予言（ケプラー）
1636年：	火星面の模様を観測（フォンタナ）
1659年：	火星の大シュルチスのスケッチ（ホイヘンス）
1666年：	火星の極冠を発見（カッシーニ） 火星の自転周期を24時間40分と観測（カッシーニ）
1783年：	火星の白い模様を「極冠」と命名（ハーシェル）
1830年：	最初の火星図を作成（ピア、メドラー）
1859年：	火星のスジ模様をカナルと命名（セッキ）
1877年：	火星の運河を発見（スキャパレリ） 火星の地形に命名（スキャパレリ） 火星の衛星を発見（ホール）
1879年：	火星の運河の二重倍加速減少を発見（フラマリオン） 火星模様の長年変化を発見（フラマリオン）
1892年：	「火星」を出版（フラマリオン）
1894年：	火星の海は植物地帯の連続と発表 （ローウェル、ダグラス）
1903年：	火星の運河は斑点の連続と発表（モールスワース）
1909年：	火星の運河説に反論開始（アントニアジ）
1911年：	火星に灰色雲を発見（アントニアジ）
1930年：	「火星」を出版（アントニアジ）
1965年：	火星にクレーターを発見（マリナー 4号）
1971年：	火星に初めて軟着陸（火星3号）
1976年：	バイキング1号と2号が軟着陸して実験調査する
20??年：	人類火星に立つ

第3章
火星を見つめた人々

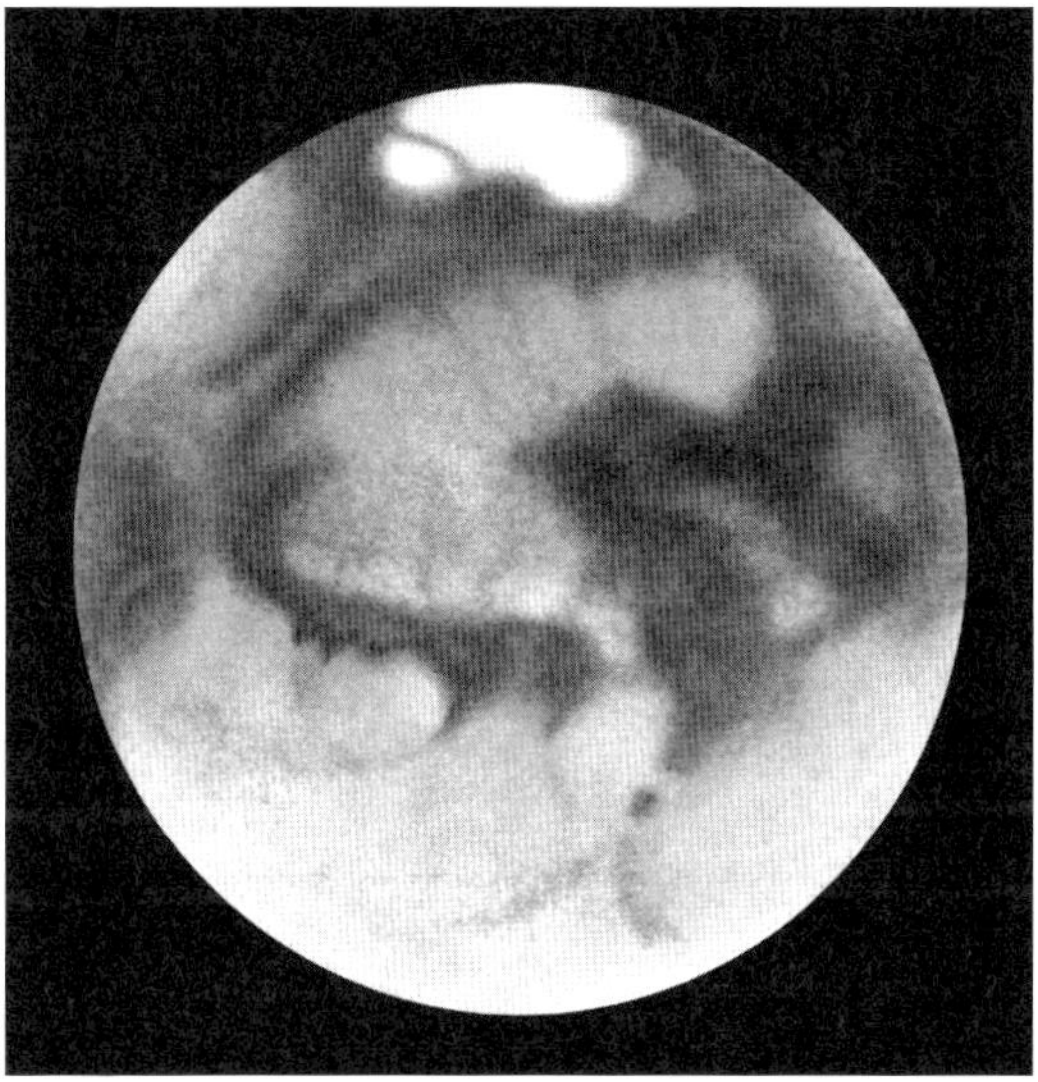

20世紀初めのころまでの火星観測は眼視によるスケッチが主流でした。子供のころからの火星の大ファンである横浜市の白石明彦さんは、中でもフランスのアントニアジのスケッチ（上）が大のお気に入りでした。「運河が鮮やかに描かれているスキャパレリのスケッチにくらべると、スーラの点描画を思わせる繊細なタッチに心ひかれたからです」とのこと。3ページにアントニアジのカラースケッチがあります。

眼視観測の天才――ティコ・ブラーエ

16世紀のデンマークの天文学者ティコ・ブラーエは、史上最高の眼視による天文観測家とたたえられている人物で、あのケプラーの先生にあたる大天文学者として有名ですが、たいへんな激情家でもあったと伝えられています。

若いころには「どちらが数学ができるか」などという、くだらない理由で大学生と決闘、剣先で鼻を削ぎ落とされ、以後、金属製の鼻をくっつけていたといわれ、肖像画もそのとおりの人相で描かれています。ティコの人生はこんなふうで、とかく波乱に満ちていましたが、それは1歳のとき子どものいない大金持ちの貴族の叔父に誘拐され、わがままいっぱいに育てられたことに始まったといわれます。生涯派手を好み、自分のやりたい放題のことをやり通したといいますから恐れ入ります。

〝天の城〟とよばれたヴェン島のティコの巨大な天体観測所では、夜ごとどんちゃん騒ぎの酒宴《しゅえん》が催され、気に入らない島民はみな牢獄《ろうごく》にぶち込んでしまうというありさまで、まるでテレビドラマの「水戸黄門《みとこうもん》」に登場する悪代官《あくだいかん》さながらであったらしいといいます。なのに、天体観測だけは欠かしたことがなく、望遠鏡のない時代にあっては信じられないほどの正確さで観測記録を残し

◀ティコ・ブラーエ（1546～1601）

▲ティコのヴェン島のウラ＝ボリ天文台　ティコ・ブラーエは自身の観測助手として数人の数学者や天文学者を雇いましたが、そのうちの1人が次ページで紹介するヨハネス・ケプラーでした。

たのですから驚きです。その一例として、ティコの測定した1年の長さは、正しい1年の長さとくらべ、たった1秒しか違っていなかったと伝えられています。

　ティコ・ブラーエは、このほか1572年にカシオペヤ座に出現した明るい超新星《ちょうしんせい》や1577年に出現した史上最大級の彗星《すいせい》の記録など数多くの観測を行ない、火星などの精《せい》緻《ち》な位置観測の結果から、コペルニクスとは違った「修正天動説《しゅうせいてんどうせつ》」も発表していました。

　死後、遺体から水銀が見つかり、毒を盛られたのではないかとされ、助手のケプラーなどが容疑者として疑われましたが、2010年の遺体掘り出しで殺人説は立証されず、ティコの長年の錬金術師《れんきんじゅつし》としての水銀の蓄積によるものらしいと明らかにされたのでした。

火星だった幸運――ケプラー

ティコ・ブラーエは、ケプラーの数字的手腕を高く評価し、助手としましたが、ティコの死後、ケプラーは残された火星の膨大な観測データ研究から、惑星《わくせい》が太陽の周りを楕円《だえん》軌道《きどう》を描いて回るという大発見をすることになります。もし、火星軌道がいびつなものでなかったら、ケプラーの有名な惑星の公転の3法則の発見はずっと遅れてしまっていたのかもしれないのです。

▲ヨハネス・ケプラー（1571～1630）
けんかっ早い父は何回も家出を繰り返し蒸発、母は魔女として危うく火あぶりの刑になるところでした。ケプラー自身も天然痘にかかり、手が不自由で視力も弱いという苦境ぶりでしたが、得意な占星術で人気者となり、生活を支えました。

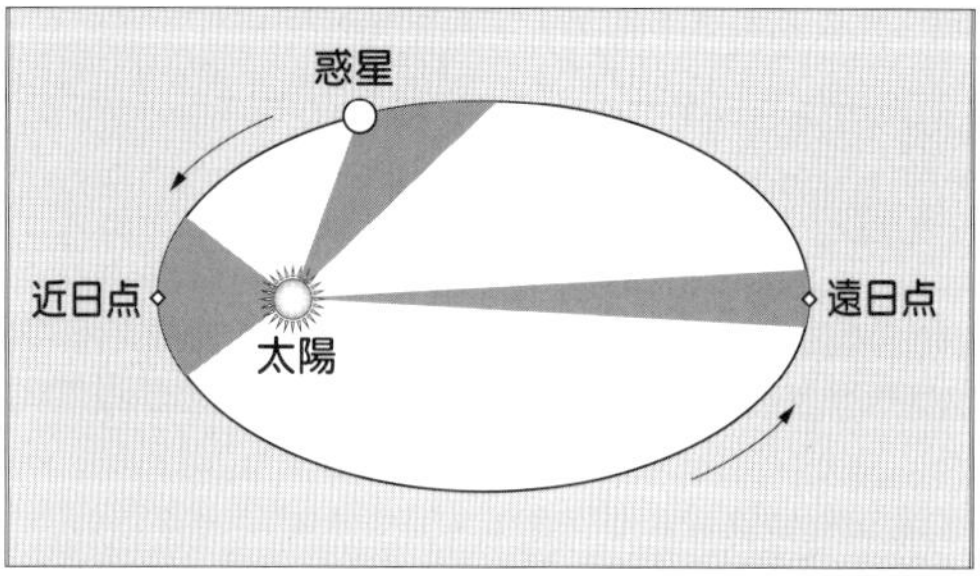

▲ケプラーの3法則のうちの第2法則「惑星と太陽は、同じ時間内でつねに等しい面積となる図形を描き、惑星の運動速度はいつも同じではない」というものです。

望遠鏡による最初の火星の観測――ガリレオ

オランダで望遠鏡が発明されたことを知ったガリレオは、たった1日で望遠鏡を手づくりし、夜空に向けました。1610年の暮れに友人のカステリに送った手紙には「私は火星の満ち欠けを見たと思います。火星の像は完全な円形ではないように見えました…」と書かれています。つまり、ガリレオは人類史上、最初の望遠鏡による火星観測を行なったことになるわけです。しかし、なにしろ貧弱な手づくり望遠鏡でしたから、火星面に模様を認めるほどには至りませんでしたが、154ページのように火星像が欠けていることを見破った眼力には驚かされてしまいます。

ただ、ガリレオは得意になる性格の持ち主で、他人を小馬鹿にしたり、痛烈に洒落のめすことが多々あり、有力者から反目《はんもく》されることも多く、宗教裁判に屈しなければならなかったといわれています。

▲手づくり望遠鏡を披露するガリレオ　彼の望遠鏡による発見は、一般に信じられていた考えをすべて否定するものばかりでした。

初めての火星スケッチ——ホイヘンス

ガリレオの望遠鏡は、社会に大きなショックを与えはしましたが、なんとも貧弱なものには違いなく、天体を詳しく見るには不充分なものでした。そこで光学の得意だったケプラーは、対物レンズも接眼レンズも凸レンズによる組み合わせの「ケプラー式天体望遠鏡」を発明しました。これは接眼レンズが凹レンズのガリレオのものより優れものでしたが、星の周りに虹のような色がつき、星像がはっきり見えないという欠点がありました。現在の対物レンズは、この色収《いろしゅう》差《さ》を取り除いて鮮明に見える色消しレンズが工夫され問題は解決していますが、当時は色収差を軽減させるために空中望遠鏡なる65mもある長大な望遠鏡が作られたり、天文学者たちは悪戦苦闘を強いられていました。しかし、おかげでガリレオの観測から26

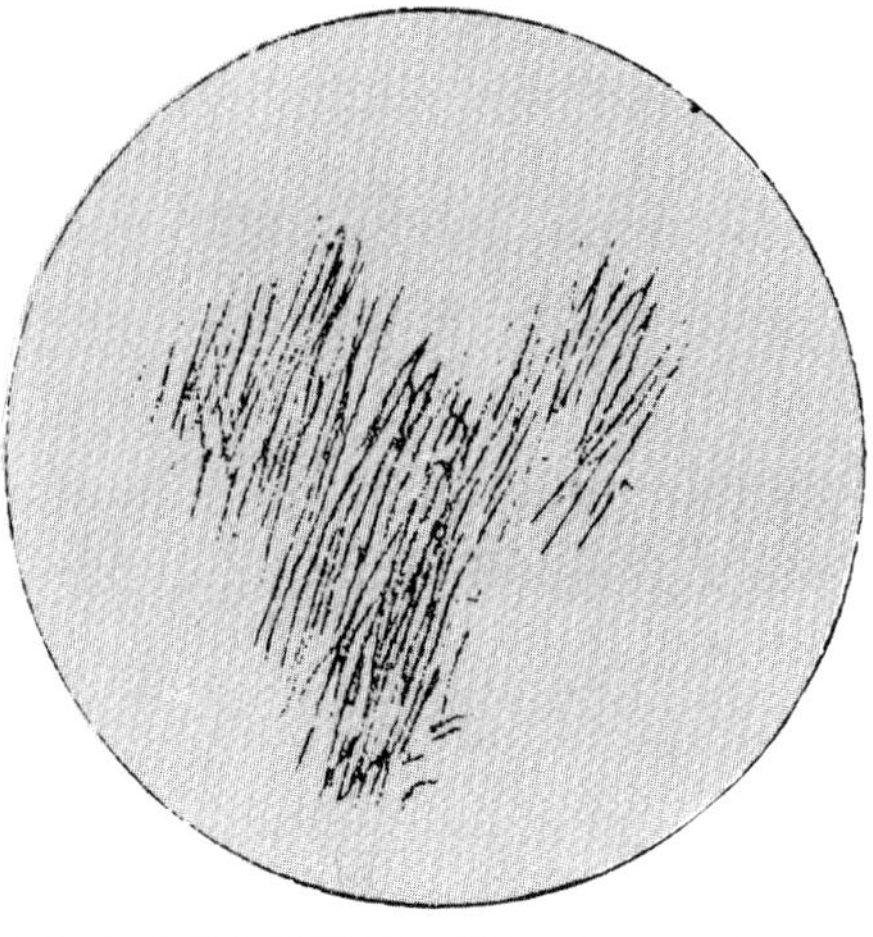

▲ホイヘンスの火星スケッチ（1659年11月28日）
表面の模様をはっきり描きだした最初のスケッチで、これが暗い地域でもっとも見やすい大シュルチスであることは容易に確認できます。

年後にはF・フォンターナによって火星面に淡い斑点《はんてん》が認められたり、さらにその8年後には、バルトリが2個の斑点の動きから「火星は自転しているらしい」と述べたりするなどの成果が得られました。1659年にはホイヘンスが火星観測史上初めての火星面のスケッチを描き、現在、大シュルチスとよばれている大きな三角形の模様の移動の様子に気付き、火星の自転は24時間と結論しました。さらにカッシーニは長大な空中望遠鏡を使って、火星の両極に白く輝く斑点として極冠《きょくかん》の存在をつきとめました。しかし、なんといっても18世紀中の大きな功績のあった火星研究は、天王《てんのう》星《せい》の発見でもおなじみのイギリスのW・ハーシェルでした。

ハーシェルは自ら手づくりした巨大な反射望遠鏡を自由に操って、極冠が火星世界の季節の移り変わりによってその大きさを変化させること、自転軸《じてんじく》の傾きが28度42分と測定し、火星の扁平率《へんぺいりつ》が16分の1であると明らかにしました。ただ、火星の衛星を熱心に捜したものの、この発見はとうとうはたせませんでした。

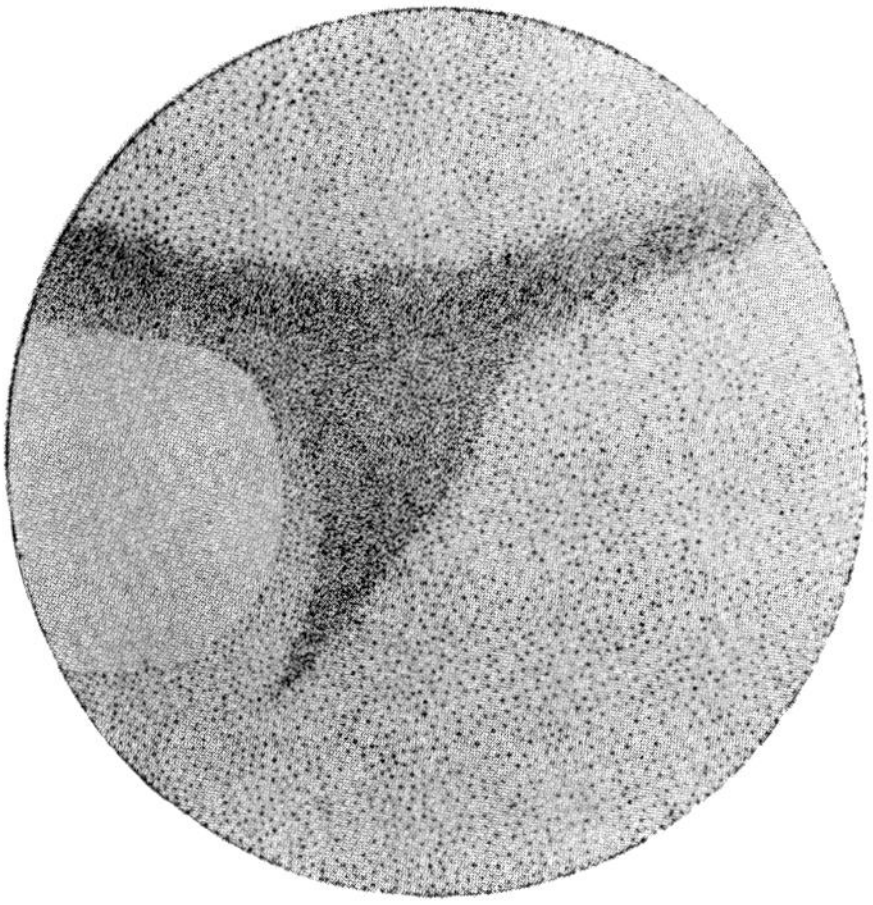

▲シュレーターの火星スケッチ（1800年11月2日）
「月の地形図」の出版などで知られるシュレーターは、暗い区域は表面のものではなく火星大気中の雲によるものと信じていましたが、これは誤ったものでした。

火星には「カナル」がある——スキャパレリ

19世紀の中ごろから終わりごろにかけ、多くの天文学者たちが火星に注目、研究に乗り出していましたが、中でも一大センセーションを巻き起こしたのが、イタリアのミラノ天文台長による火星運河の発見でした、それまでにも、火星に線状の暗い模様が存在することは、1864年に鷲《わし》の目を持つといわれたドーズも見ていましたし、セッキやロッキャー、プロクターなどの人々も気付いていました。

▲**ジョバンニ・スキャパレリ**（1835 ~ 1910）
ミラノ天文台の22cm屈折望遠鏡で火星の運河の存在を観測し続けました。

ところが、1877年の火星の大接近の折、日本では32ページの「西郷どん」騒動で見られたときの火星ですが、口径22㎝の屈折望遠鏡で観測したスキャパレリは、それまでよりはるかにたくさんのスジ模様が、網の目のように張りめぐらされているのを発見したのです。さらに次の接近年である1879年と1881年の観測から、それらのスジの多くが、ある季節になると二本の平行したスジに分裂するいわゆる〝二《に》重《じゅう》倍《ばい》加《か》現象《げんしょう》〟となって見えることに気付き、それらを「カナリ」と名付けて発表したのでした。カナリとはイタリア語で溝や水路という意味で、かならずしも〝運河〟を意味するものではなかったのですが、のちの多くの人々は、それを文字どおり「火星人」が作った運河カナルと受け取り、大騒動に発展することになったのでした。

もっともスキャパレリ自身も、火星人がつくった運河の可能性もあるかも…などと思い描いていたらしいふしがありますので、カナリがカナルと英訳されたとして、必ずしも誤訳だったとはいい切れないところもあります。

あの直線上のカナリが、火星面を網のように包み込み、まるで広がる暗色模様の海と海を結んで砂漠を横切る運河のような光景を目にすれば、誰だってそんなイメージを思い浮かべたとして無理からぬことといえましょう。

ただし、スキャパレリが、48ページにあるのちのローウェルのように、運河が天然のものか、

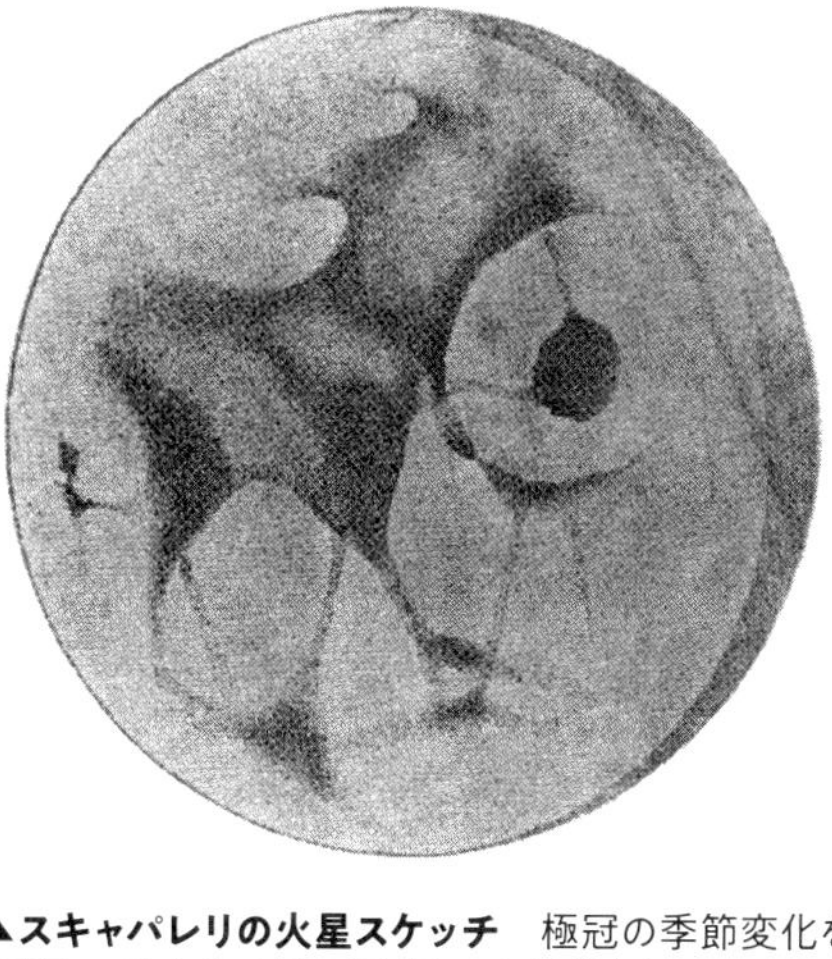

▲スキャパレリの火星スケッチ　極冠の季節変化を指摘し、氷または雪の層だという見解を示していました。

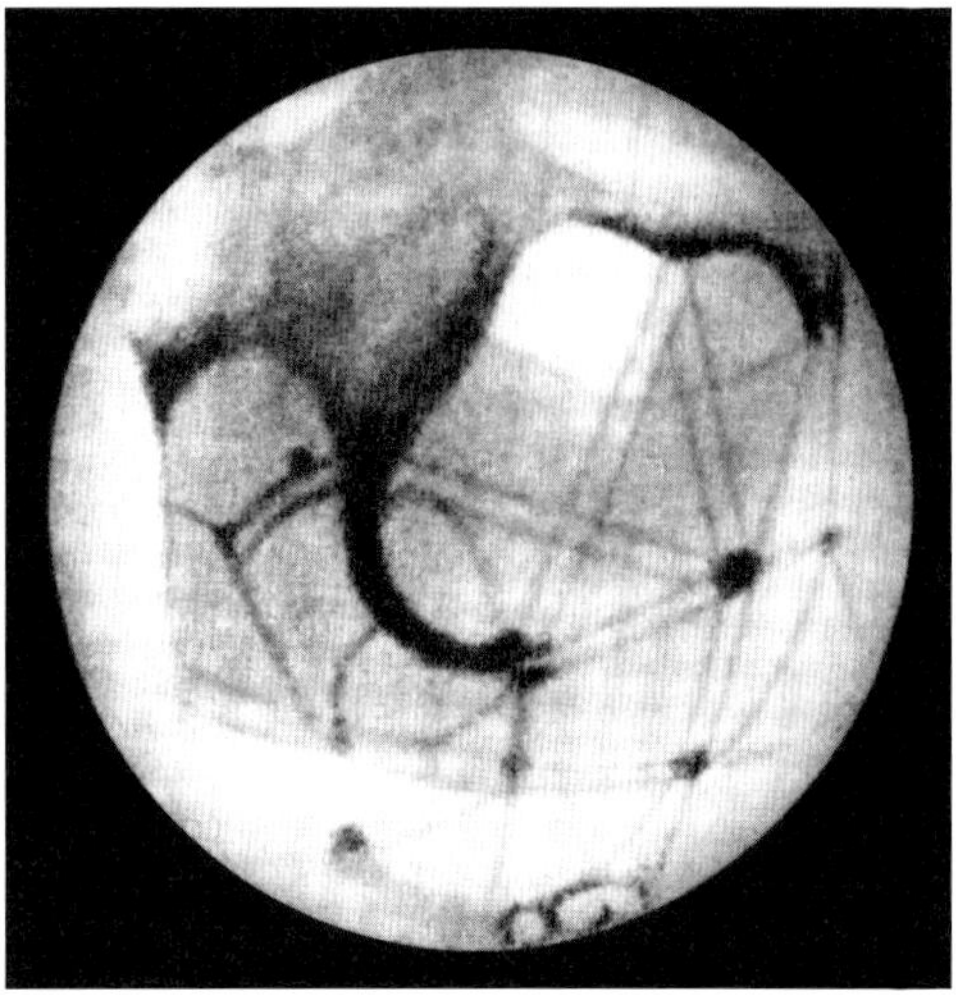

▶カナリの二重倍加現象
スキャパレリは、特定の季節になると運河が2本の平行したスジに分裂することをカナリと名付けて発表しました。

人工的なものかについてはまったく問題にしていなかったふしがある点はおもしろいといえるかもしれません。

ところで、スキャパレリの観測は、1877年に始まり、1890年ごろの視力の衰えとともに終わりを迎えるころまでのおよそ23年間にわたって続けられたものですが、その間、詳細な火星面図を作製したり、プロクターによって提案されていた「火星研究に尽力した学者」の名前を模様に付ける案を完全に無視して、強引にロマンチックな命名法を採用したりしました。

スキャパレリのこの独創的な新命名法はたいへんに好評で、現在もその多くがそのまま用いられています。

スキャパレリの火星観測への大きな功績は、そのすべてがイタリア語の論文として発表されましたから、外国の学者たちにはその詳細がよくわからず、

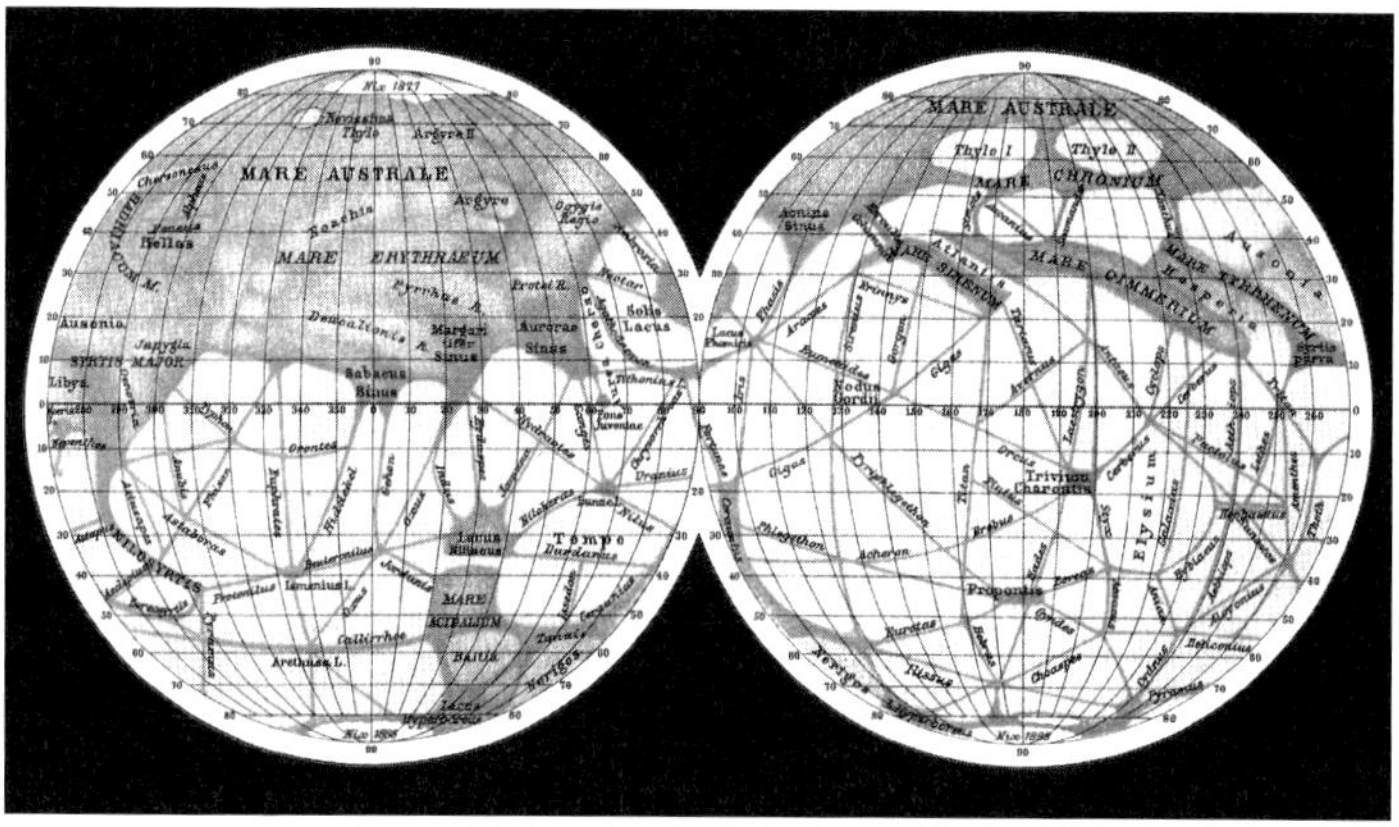

▲スキャパレリの火星図　1877年に詳細な運河網を描きましたが、ほかの観測者が運河について述べたのは、この7年後のことでした。

知られていませんでしたが、フランスのフランマリオンが仏訳して学会に紹介、スキャパレリの業績が初めて世界中の学者に理解されるようになったといわれています。このフランマリオンはフランス天文学会の創立者であり、その肖像は58ページの村山定男さんに授与されたアンリ・レイ賞のメダルに描かれていますが、彼の天文台には、火星運河論争の否定論者として知られるアントニアジ（52ページ）など多くの秀でた観測者が出入りし、自由な雰囲気の中で火星観測などを行なっていたといわれています。

なお、スキャパレリは、８月のペルセウス座流星群が、１６８２Ⅲ彗星が出現させるものだと気付き、彗星と流星群の関係を初めて明らかにしたことも知られています。１６８２Ⅲ彗星というのは、現在では１０９／スイフト・タットル彗星のよび名で知られる周期彗星で、およそ１３３年で太陽系内をめぐっているものです。次回は２１２５年ごろもどってきます。

運河説を主張――パーシバル・ローウェル

スキャパレリの運河説の魅力にとりつかれ、それをさらに大きく発展させたのが、アメリカのアリゾナ州フラグスタッフの郊外の丘に私財を投げ打って私設天文台を建て、火星の観測に情熱を傾けたパーシバル・ローウェルでした。生涯、火星に知的火星人がいると主張してゆずらなかった彼は、1876年にハーバード大学を卒業した秀才でしたが、26歳のとき綿紡績《めんぼうせき》で財をなした父の会社をあっさり放り出し、1883年、つまり明治26年以来、大金を持って数回にわたって日本にやってきて各地をまわり歩き、その体験を「極東の魂」ほか4冊もの著作にまとめあげ発表しました。読者の小泉八雲ことラフカディオ・ハーンなどはいたく感動、とうとう日本にやってきて住み着いてしまうことになってしまいました。

こんな風にお話しすると、ただの金持ちの放蕩《ほうとう》息子のように思われてしまいそうですが、あんがいのやり手で、さまざまな投資などで父からゆずり受けた資産を20倍にも増やし、さらにローウェル天文台

▼ローウェルの著書　日本語訳の「能登・人に知られぬ日本の辺境」の表紙にあるローウェルのポートレイト。

▲**観測中のローウェル**（1855 ～ 1916）
61歳のとき脳卒中で亡くなるまで火星の運河の観測に情熱を傾け、まさに信念の一生だったといえます。

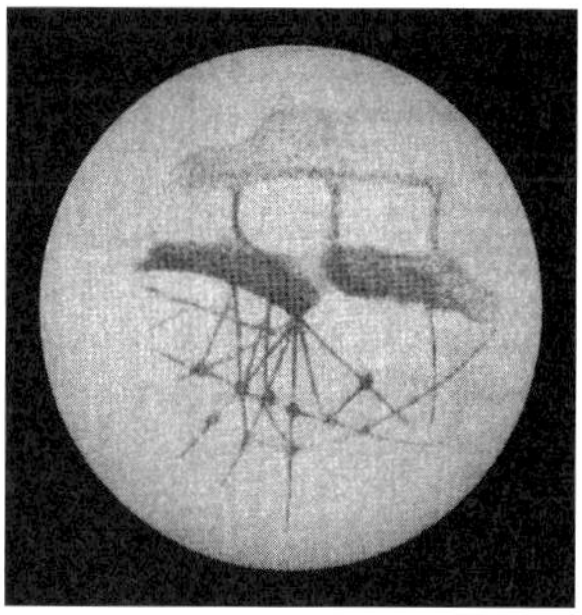

▶**ローウェルの火星スケッチ**　最良の気流条件のもとでのみ、運河は見えるのだろうとローウェル一派は主張しました。

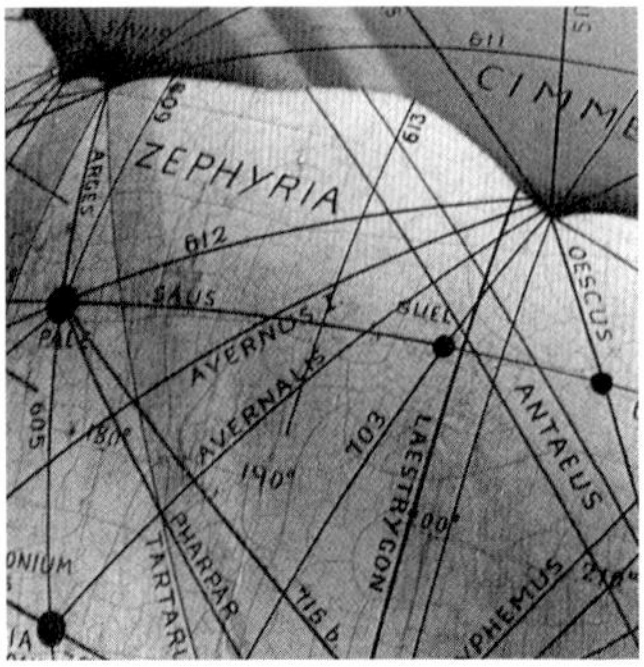

▲ローウェルの運河　小斑点のある運河の交点には強力なポンプがあって極冠からの水流をコントロールしているのだとも主張しました。

の運営などを手がけたのですから、実業家としてもなかなかの腕前だったことがわかります。

それはともかく、ローウェルはスキャパレリの運河説に共感するや、火星には高度な文明を持つ生物〝火星人〟が存在するにちがいないと結論づけてしまいました。運河のスジが直線になっており、非常に規則正しく二重倍加現象によって二重になっているのは、人工的に作られたもの以外には考えられないからというわけです。

その一方で極冠の存在にも注目、季節によって大きく広がったり小さく縮小したりするのは、氷がとけたりして超強力なポンプなどで運河の水が利用されているためで、オアシスが運河どうし連結されていることから、そこには食物と考えられている植物が生え、それを食べる動物が存在、高度な文明を持つ火星人がいるにちがいない…。

なんとも独りよがりの断定と思えなくもありませんが、しかし、これが世の中では大人気、火星人説がもてはやされ、SF小説などの恰好の題材となったのは当然といえましょう。残念ながら今ではローウェルの科学者としての業績が顧みられることはありませんが、火星人の存在という奇想天外の発想に魅了された人々の中から、多くの夢をふくらませた科学者が生まれ出た事実は、評価されてよいのかもしれません。

▲ローウェルの撮影した大噴火直後の会津磐梯山　7ページにある磐梯山のシルエットと同じ場所からの風景で、ローウェルは火山にも興味があったといわれています。磐梯とは天にかけるはしごという意味があります。

　ところで、ローウェルが私財を投げ打ってフラグスタッフの火星ヶ丘に完成させた口径60cmの大型屈折望遠鏡の性能はどんなものだったのでしょうか。

　実際にこの望遠鏡で土星を見た経験を持つ冨岡啓行《とみおかひろゆき》さんによれば、青の色収差の目立つレンズとの感想を持ったといいます。それもあってのことでしょうか、ローウェルはこともあろうに60cm口径をなんと8cmくらいにまで小さく絞り込んで見ていたらしいとも伝えられています。もし本当なら、その分解能、つまり細かく見分けられる能力はフル口径の場合よりも10分の1以下に低下して、大口径の意味はなくなってしまいます。「運河がないと主張する」人々に、「なぜ見えないのだろう」とローウェルは首をかしげたといわれますが…。

運河説を否定——アントニアジ

　スキャパレリが火星面に見つけた線状模様をカナリと名付けたところから、人々の目は火星に注がれることになりました。運河と誤訳されたところから、イコール知的生命の存在へと話が飛躍してしまうことになったからです。もちろん、スキャパレリにはそんなつもりはなく、イタリア語で自然につくられた「溝」、「水路」または、「畑のすきあと」を表わす言葉だったに過ぎませんでした。しかし、英語でのカナルは、農業の用水路とか航海のために作られた人工の水路のことでしたから、「火星に運河があるのなら、火星人が作ったものにちがいない」とローウェルの目は輝きました。事実、ローウェルは自身の天文台の望遠鏡でそれを目撃したのです。

　その後もスキャパレリは、たくさんのその運河を描いた火星図を発表、さらにフランスの天文の人気解説者フランマリオンも運河は自然につくられたものではないと述べたことなどから、世界中の人々が火星人の存在に関

▲**E・M・アントニアジ**（1870 ～ 1944）フランスで活躍したギリシャ人です。

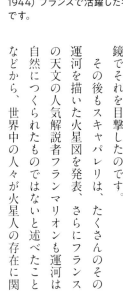

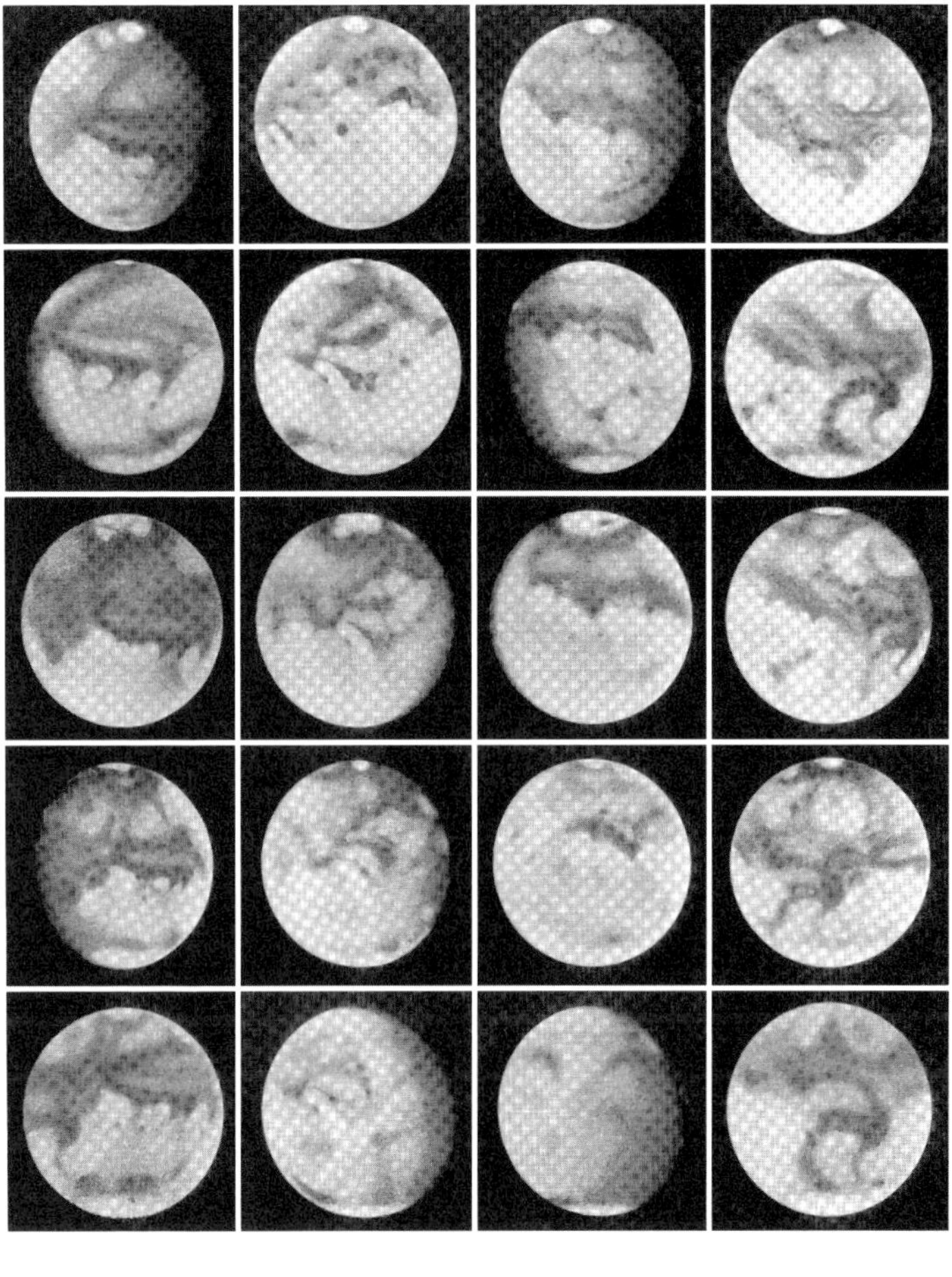

▲アントニアジのスケッチした火星面　1911年から1929年までの火星面をパリ郊外のムードン天文台の83cm屈折望遠鏡でアントニアジが描いたもので、ローウェル派が主張するような直線状の運河はまったく見えていないことがわかります。このスケッチが描かれたときは、南極が地球の方に少し傾いており、南極冠が見え、その形が不規則に縮小していく様子がわかります。

心を寄せるようになってしまいました。しかし、ギリシャ人でフランスのムードン天文台で火星を観測していたアントニアジは、ローウェル流の細いスジ模様には猛烈に異を唱えました。

アントニアジも初めのうちには、細い運河をスケッチして描いてはいたのです。しかし、パリ郊外のムードン天文台の83㎝の大型望遠鏡で観測するようになってからというもの、そんな線状のものは存在せず、気流の落ち着いた晩に

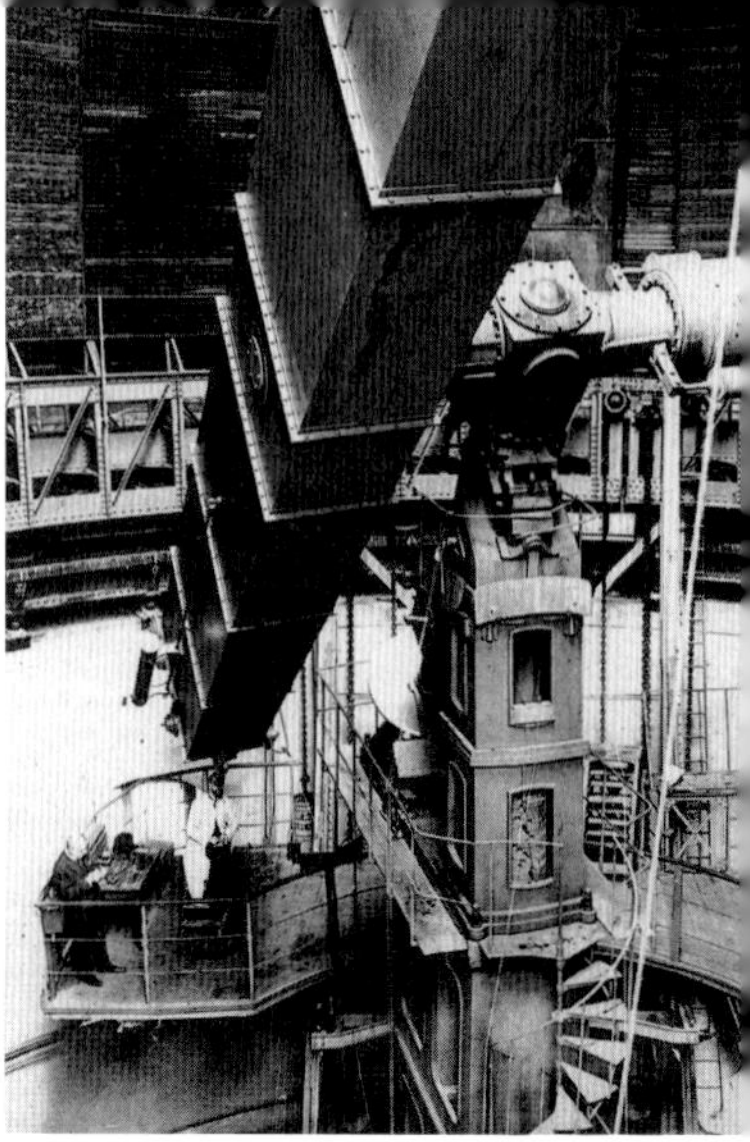

▲ムードン天文台の83cm屈折望遠鏡　四角は箱型の鏡筒のもので、アントニアジが観測中です。

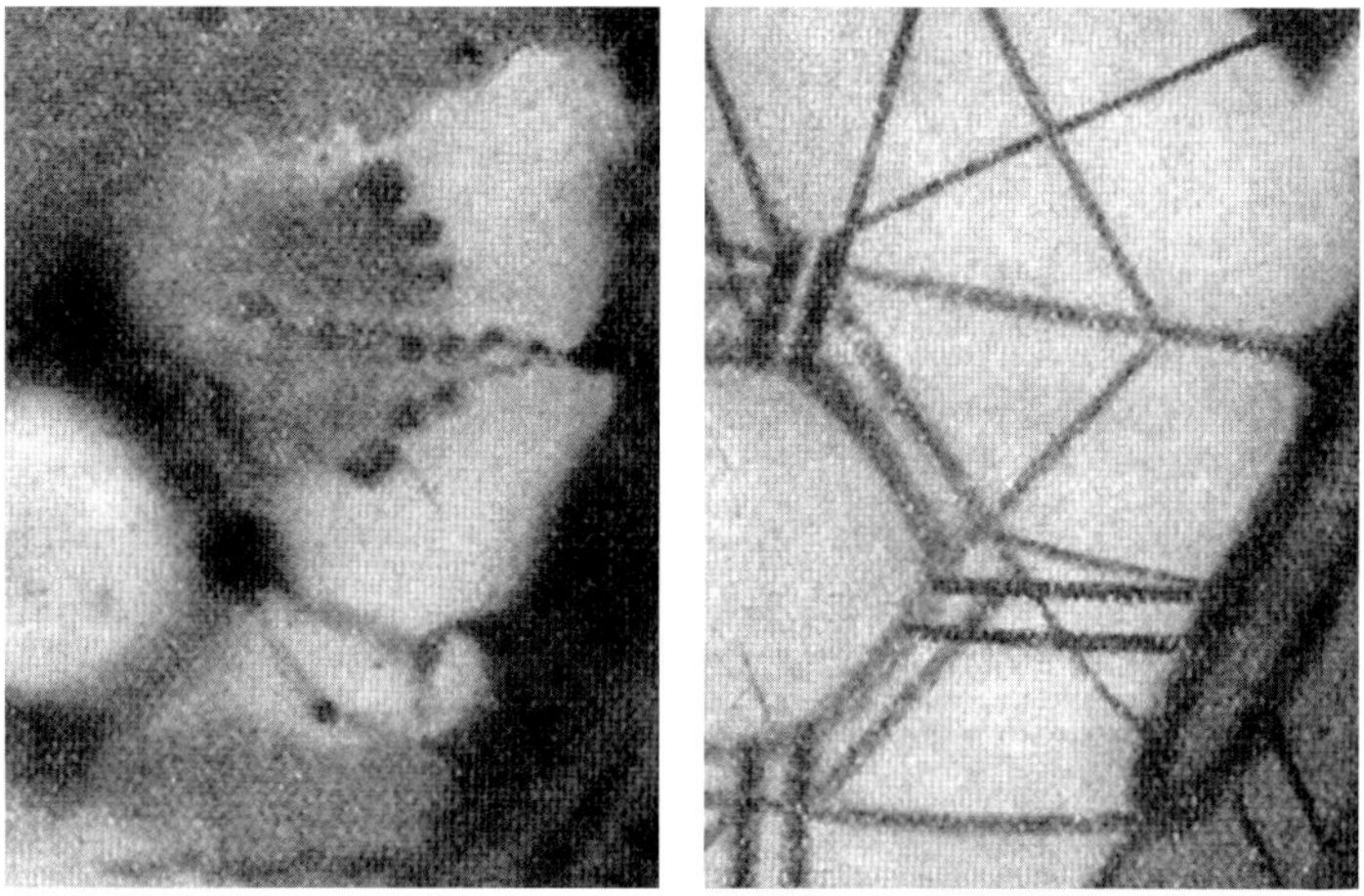

▲反運河派（左）と運河派（右）のスケッチの比較　同じ火星面の模様を見ているとは思えないほどの印象の異なった描かれ方となっています。一方、斑点が非常にきれいに並んでいるようにも見えるというスケッチもあります。

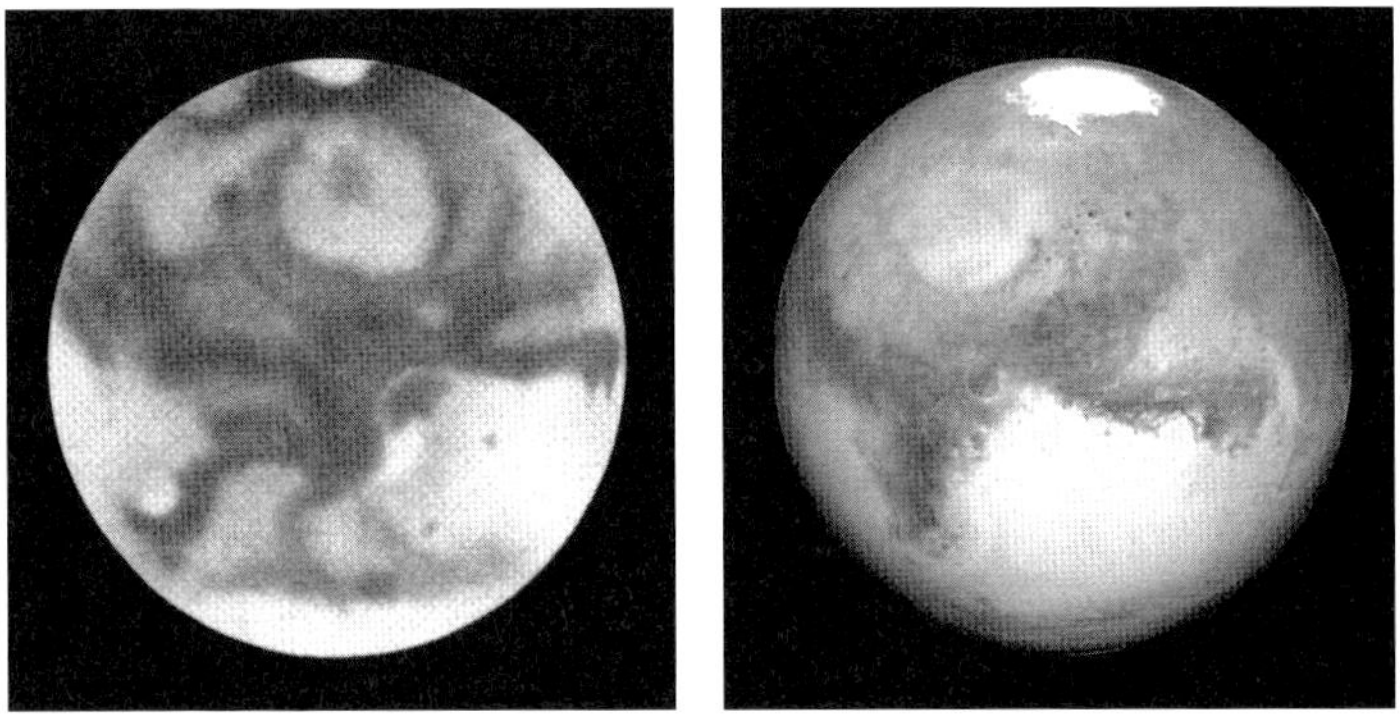

▲アントニアジのスケッチ（右）とハッブル宇宙望遠鏡による写真（右） どちらも中央付近の大きな暗い模様が大シュルチスで、上端の白い部分が南極冠です。左のアントニアジのスケッチは1928年10月19日夜のもので、右のハッブル宇宙望遠鏡の写真は2003年8月の超大接近のとき撮影されたものです。

大型屈折望遠鏡で見ると、火星面には無数の小さな暗斑があるだけで、それが小さな望遠鏡では線状に見誤れるのだと主張しました。屈折望遠鏡は眼視的に使うときにはとくにシャープな像が得られるので、ムードン天文台の大屈折望遠鏡は、火星観測にとっては理想的なもので、アントニアジはそのおかげで線状の運河は1本も記録していませんでした。「運河を見た人は誰一人いない」これが、アントニアジの結論であり主張でした。一方、運河派のローウェルは首をかしげていいました。「どうして見えないんだろう…」

これに対しSF作家のアーサー・C・クラークはこう述べています。「いったいどうしたらあんな線状のものが見えたというんだろうか」これらのスジが天然の模様であることは、今では疑いのないところなのですが…。

なお、アントニアジの描いた美しい火星のカラースケッチは、3ページに示してあります。

火星の2つの小さな月の発見――アサフ・ホール

1877年9月、火星が地球に大接近したときの話です。日本では32ページの「西郷どん」の赤い星が大評判になっていたときのことですが、ワシントンにある米国海軍天文台では、66cm望遠鏡の担当者だったアサフ・ホールが火星の衛星《えいせい》の発見に執念《しゅうねん》を燃やしていました。

当時、火星に衛星は発見されておらず、天王星を発見したハーシェルや、海王星《かいおうせい》発見の手助けをしたガレなども捜索はしてみたものの、発見するには至っていなかったのでした。

「今夜もダメだったか…」あきらめ、うかぬ顔で家に帰ってきたホールに、寝ずに待っていた妻のスティックニーは、コーヒーをすすめながらこう励《はげ》ましてきました。

「もう一度やってごらんなさいな…」

「探してみなければ発見できないからね。そうしてみよう…」

ホールは気を取りなおし、真夜中、再び天文台へ引き返し望遠鏡をのぞき直しました。そして衛星を発見したのです。

「8月11日、暗い星、火星のすぐ近くにあり」

日誌には、そう記録され、5日後には2つ目も発見されたのでした。

▼アサフ・ホール（1829 ～ 1907）
16歳で大工に弟子入り、のちに天体軌道計算の専門家になりました。

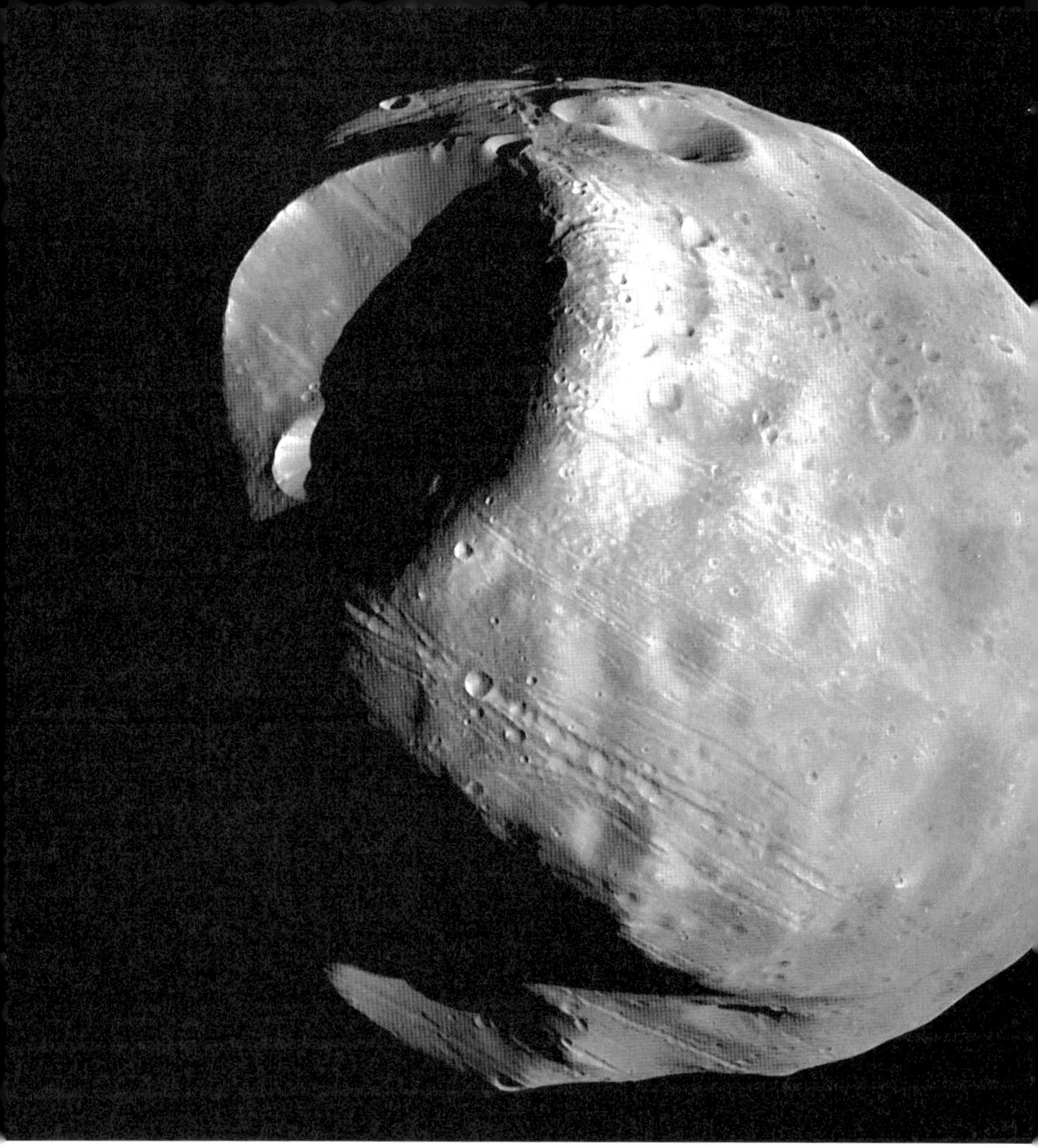

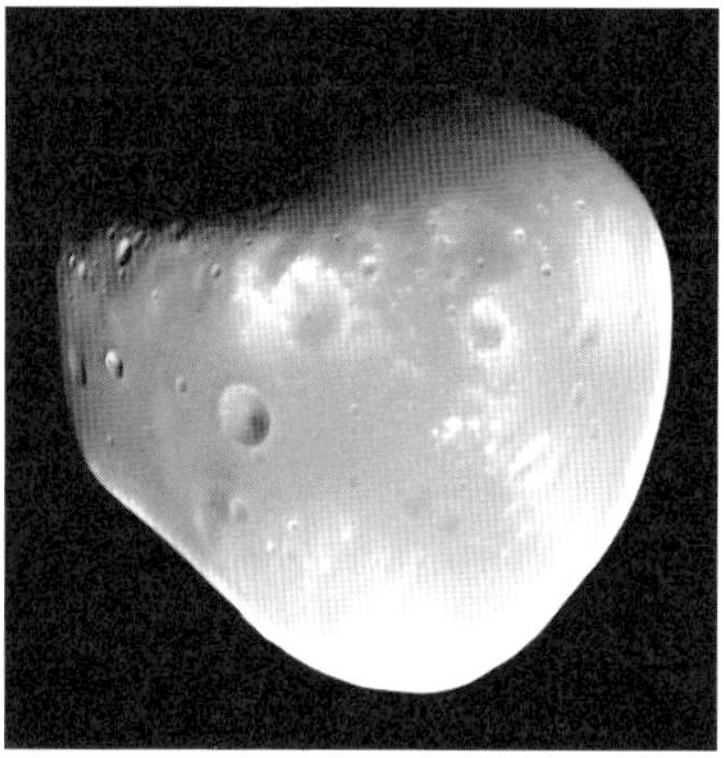

▲フォボス　小さな衛星には似つかわしくない直径10kmもの大きなクレーターがあり、ホールを励まし発見に導いた夫人、スティックニーの名が付けられています。

◀ダイモス　つるんとした表面を持つ衛星で、これは細かい岩石で覆われているためと考えられています。

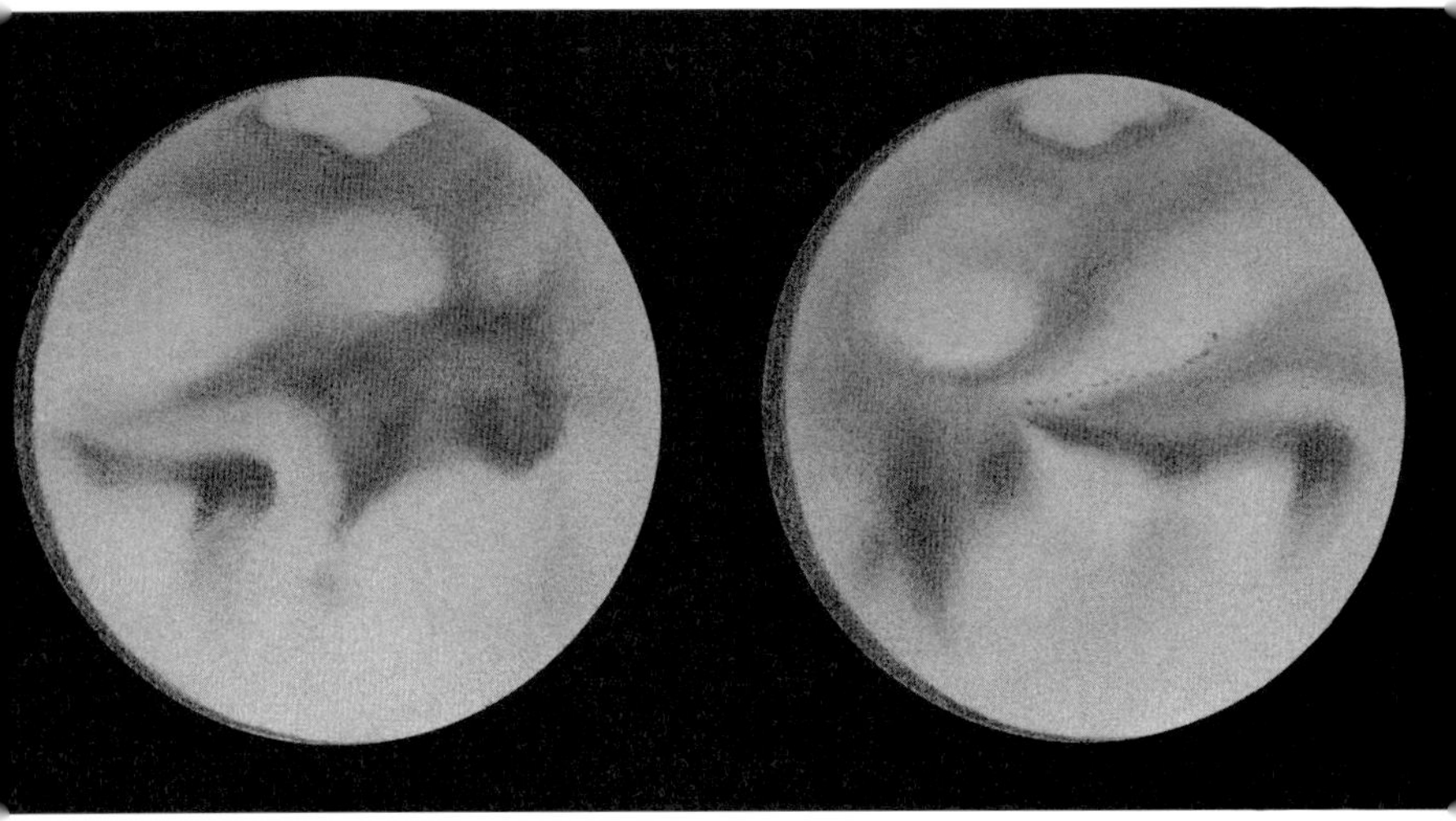

▲村山定男さんの火星スケッチ　火星観測のベテラン、村山さん（写真下）は、70年におよぶ火星観測で1000枚もの美しいスケッチを残されました。

火星を見つめて

日本のアマチュア天文家も含め、これまで多くの人々によって火星観測が行なわれ、火星の実態が解明されてきました。

▲村山定男さん（1924～2013）**とアンリ・レイ賞のメダル**（右）　長年の火星観測の功績が評価され、村山さんはフランス天文学会からアンリ・レイ賞を授与されました。

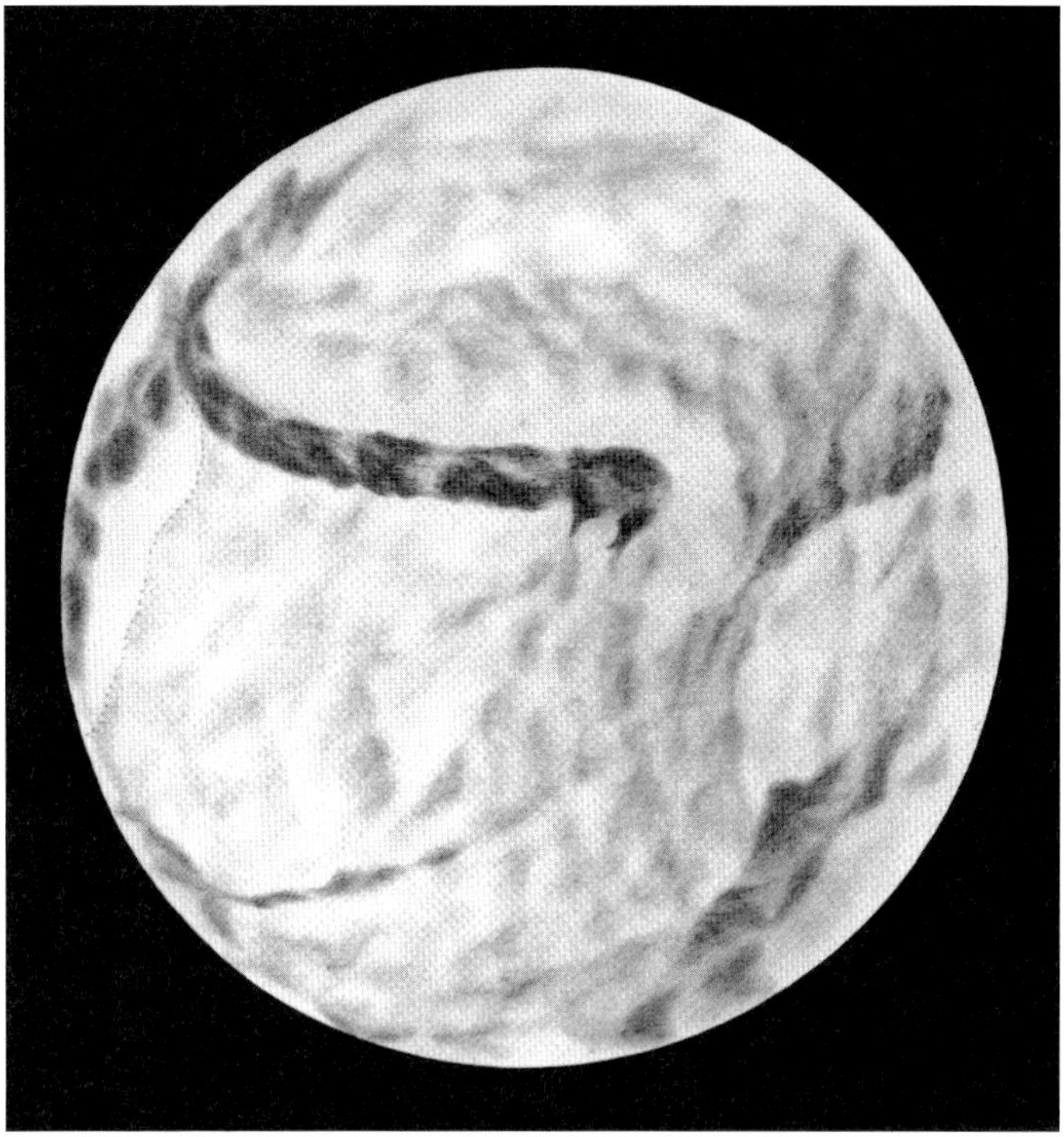

▲田阪一郎さんの火星スケッチ 望遠鏡の口径が大きくなるほど火星の模様がより詳しく観測できるようになります。スケッチの場合は、描き方の個性のようなものも反映されます。

◀田阪さんの手作り天文台 火星面のより詳細な観測を目指し、和歌山県新宮市の田阪一郎さん（中央）は、口径73cmもの大型望遠鏡を完成させました。

火星人襲来の大パニック

火星の運河論争は、やがて火星人の存在の社会的関心を深めることになり、H.G.ウェルズが1898年に発表した火星人襲来をテーマにしたSF小説『宇宙戦争』は大ベストセラーになりました。そして、このSF小説は、1938年にアメリカでオーソン·ウェルズによってラジオドラマ化されることになりました。ところが、彼の実況中継仕立ての演出が真に迫り過ぎていたため、恐怖心から大パニックが起こり、逃げまどう人々が出る始末となってしまいました。番組の途中で「これはドラマです」と、4回も断りを入れたにもかかわらずです。

▶人気を博した火星人のイメージ
知的生命体は脳のある頭部が発達しているはずと、こんなタコのような姿が描かれたのでした。

第4章
火星探査

火星探査機「インサイト」の打ち上げ　「キュリオシティ」以来の新たな火星探査機「インサイト（InSight）」が2018年5月に打ち上げられた。火星への着陸は2018年11月27日（日本時）ごろの予定で、その後約2年間にわたり着陸地点で、火星の地下の内部構造の調査を行なう。（提供：NASA/JPL）

火星探査に成功したマリナー計画

太陽の隣に位置する外惑星《がいわくせい》である火星は、古くから人々の関心を集めてきました。人類は、望遠鏡を使って長い間、地上から火星を観測してきましたが、ロケットや探査機《たんさき》の開発によって、火星の近くから観測する方法を手に入れます。

火星探査は１９６０年代から始まりました。世界で初めて火星探査に成功したのは、１９６４年に打ち上げられた、アメリカのマリナー４号です。このときは、フライバイで火星とすれ違いざまに20枚近くの画像を撮影し、地球に送りました。この画像で、火星にも月と同じようにたくさんのクレーターが存在することを明らかにしたのです。続いて、１９６９年には、マリナー６号と７号もフライバイを成功させます。３つの探査機で合計２００枚以上の画像が撮影されましたが、ローウェルが予想したような運河などの人工物はどこにも見あたりませんでした。

そして、１９７１年５月に打ち上げられたマリナー９号が、

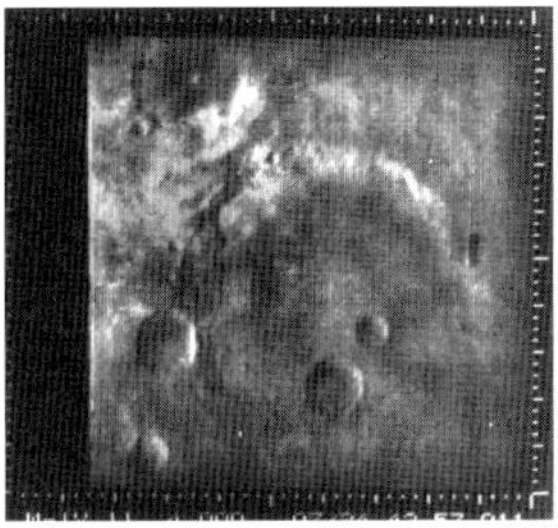

▲マリナー４号と初めてとらえた火星表面 1965年14日～15日、火星から13000kmの距離で通過しながら撮影した火星表面の様子。このとき21枚の画像を撮影した。（提供：NASA ／ JPL）

11月14日に世界で初めて火星の周回《しゅうかい》軌道《きどう》に入りました。マリナー9号は７３００枚以上の画像を撮影し、火星の表面積の70％ほどの地形を詳しく知ることができるようになりました。その結果、太陽系最大の火山であるオリンポス山、全長３０００kmにもおよぶマリネリス峡谷《きょうこく》などが発見されたのです。

この探査でも、人工物は発見されず、人々が昔から想像していた火星人のような知的生命体の存在は否定されました。その代わり、巨大火山、溶岩流《ようがんりゅう》の跡、大峡谷、川の痕跡《こんせき》、巨大クレーター、ドライアイスの極冠《きょくかん》など、これまで考えもしなかった地形が次々に発見され、火星が複雑で多様な活動をしてきたことが明らかになりました。

◀マリナー９号 1971年11月に火星に到達。約1年間にわたり火星を探査し、火星表面の約70％の範囲で7329枚の画像を撮影した。
（提供：NASA ／ JPL）

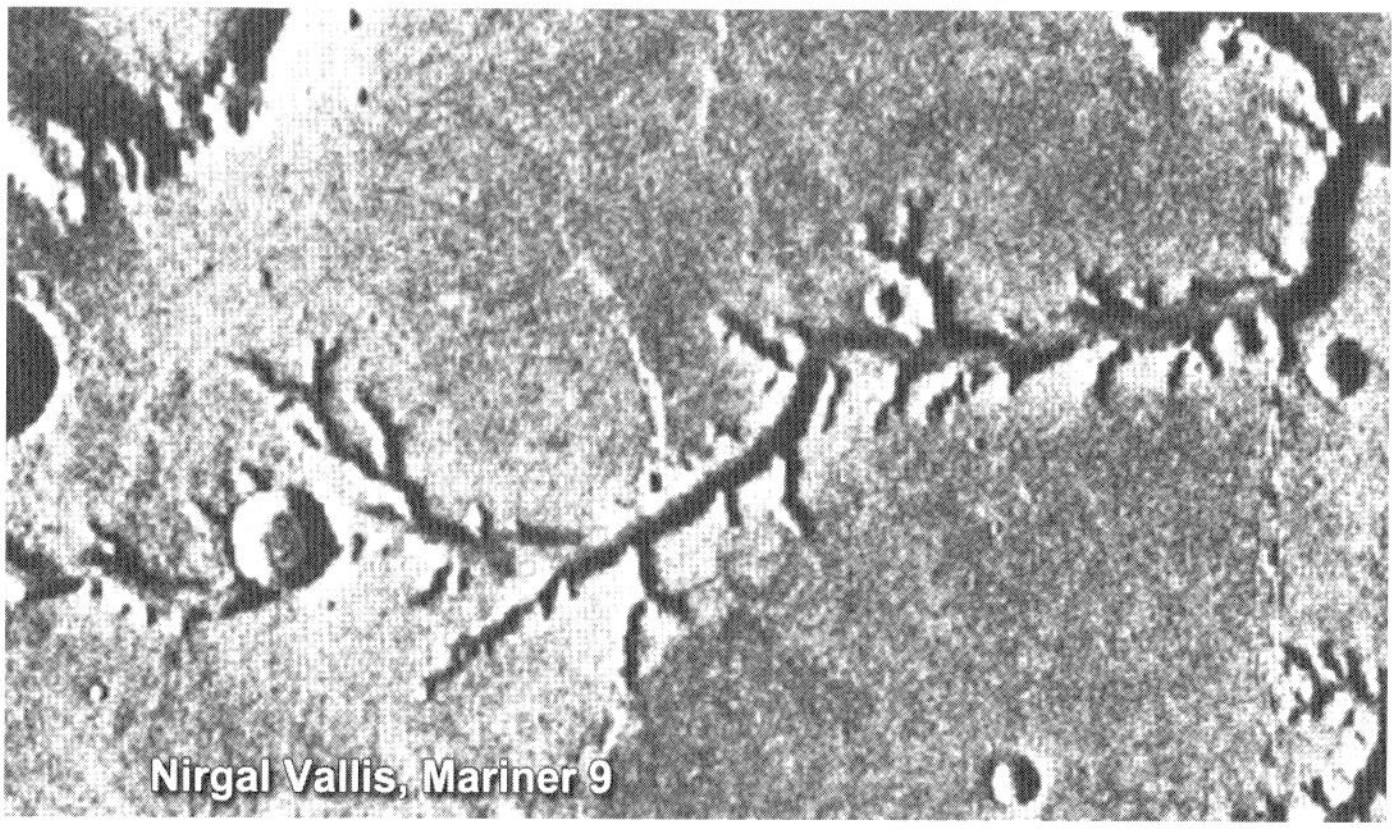

▲マリナー 9号が撮影したニルガル峡谷（NASA ／ JPL-Caltech）

火星に初着陸——バイキング計画

1970年代に入るとバイキング計画が実施されます。1975年8月20日にバイキング1号、9月9日にバイキング2号と、火星探査機が相次いで打ち上げられました。この計画では、周回機《しゅうかいき》が火星軌道に投入されたあと、着陸機《ちゃくりくき》（ランダー）を切り離して投下する着陸探査が試みられました。

バイキング1号は、1976年6月29日に火星の周回軌道に入り、7月20日にランダーが着陸しました。当初の予定では、アメリカ建国200周年記念日となる7月4日にランダーが火星の大地に降りるはずでした。しかし、着陸予定地を周回機で観察してみると、着陸には適さない場所であることがわかりました。急遽、代わりの着陸地を選定することとなり、着陸日が遅くなってしまったのです。

バイキング1号のランダーは、クリュセ平原の西部に無事着陸しました。そして、2日後の7月22日に初めて火星の土壌《どじょう》を採取し、分析を開始しました。バイキング2号は1976年8月7日に火星に到着し、9月3日にランダーがユートピア平原に着陸。バイキング計画では2機の周回機が合計2万枚以上の画像を撮影しました。

さらに、2機のランダーも火星の大地からの視点で4500枚以上の画像を撮影しました。バイキングのランダーから送られてきた画像は、起伏《きふく》のある大地や岩石の転がる風景で、どことなく地球を思わせるようなものでした。しかし、植物などの存在を感じさせない荒涼《こうりょう》とした大地ばかりでした。

2機のランダーは、火星に微生物《びせいぶつ》がいるかどうかを確かめる4つの実験をしました。1つの実験では、微生物の存在を肯定する結果が出たものの、ほかの3つの実験では、生物の存在は否定されました。バイキング計画は、微生物の存在を確認できないまま終わってしまったのです。

▲バイキング1号からの火星の画像
（提供：NASA/JPL）

▲バイキング1号　火星に向かって飛行中のバイキング1号。下部は軌道船。上の丸い部分の中に着陸船が格納されている。（提供：NASA ／ JPL）

▲バイキング1号打上げの様子
（提供：NASA）

困難がつきまとう火星探査への道

これまで火星には30機以上の探査機が送られています。しかし、そのすべてが成功しているわけではありません。世界で初めて火星探査に乗りだしたのは旧ソビエト連邦（現ロシア）でした。ソ連は1960年から火星探査機を打ち上げてきましたが、失敗が続いていました。1965年にアメリカのマリナー4号が火星のフライバイ探査を成功する前に、ソ連で5機、アメリカで1機の探査機が失敗しています。

火星探査機は、いつでも好きなときに打ち上げられるわけではありません。火星は2年2か月ごとに地球と接近します。そのタイミングに合わせて打ち上げないと、火星に行くためのエネルギーと火星軌道に入るためのエネルギーが大きく跳ね上がってしまいます。そのため、探査機を効率よく火星に送ることのできる期間は2年2か月のうち1か月程度しかありません。

このタイミングで打ち上げられた探査機は、最小限のエネルギーで火星に接近するホーマン軌道に乗り、火星を目指します。この軌道は、火星に到着するまで259日必要です。最近では、燃料を増やすことで、ホーマン軌道よりも早く火星に到着する準ホーマン軌道がよく使われています。準ホーマン軌道を通ると、火星到達までの日数を約240日に短縮することができます。火星に探査機を無事に到着させるには、この軌道を保つように、探査機の姿勢や速度などを制御しなければいけません。

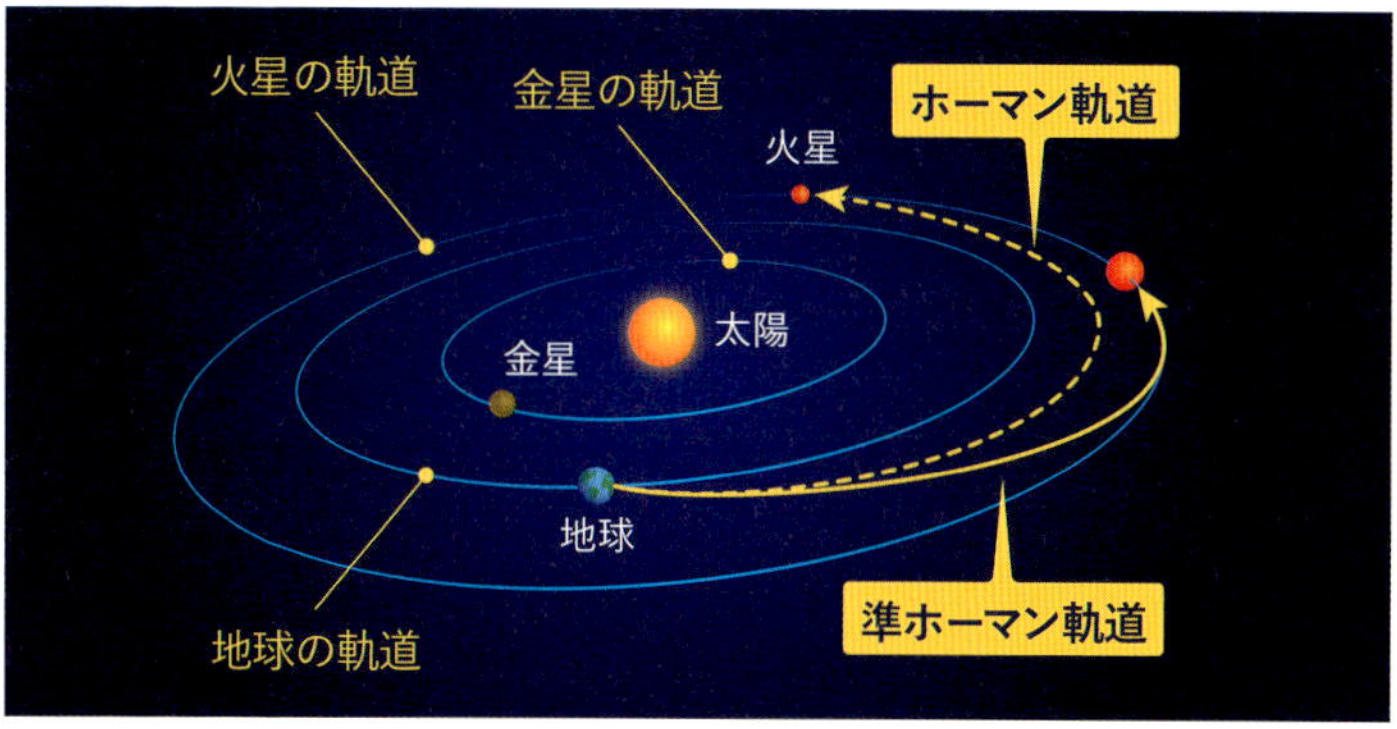

▲火星へのホーマン軌道と準ホーマン軌道　地球から打ち上げる探査機は、地球の公転方向に打ち上げて探査機を加速させ、最小のエネルギーで火星に到達することができる。このときの軌道を「ホーマン軌道」といい、遠日点で火星に到達する（259日）。準ホーマン軌道は、ホーマン軌道よりも、打上げ時の速度を上げ、打上げ方向を少し変えることで飛行日数を短縮して、遠日点に達する前に火星に到達することができる軌道だ。現在、ほとんどの惑星探査機は、この準ホーマン軌道で打ち上げられている。

無事、火星にたどり着いたとしても、次に待ち受けているのが、火星周回軌道への投入です。火星の周回軌道に入るには、探査機と火星との相対速度《そうたいそくど》を適切に減速し、目的の場所へ正確に到達させる必要があります。その操作を遠く離れた地球から指示しなければいけません。タイミングを間違ってしまうと、探査機は周回軌道に入れずに宇宙をさまよってしまうことになります。

ランダーやローバーには、さらに、着陸という関門が待ち受けます。火星の大気圏突入から着陸までは約7分間。降下中は、地上と探査機との通信は途絶え、地上からはコントロールできない状態になるので、「恐怖の7分間」とよばれます。着陸に成功するには、「恐怖の7分間」を乗り越える必要があるのです。

１９９０年代以降、盛り上がる火星探査

バイキング計画のあと、火星探査は断続的に行なわれましたが失敗が続き、あまり芳しい成果はあげられませんでした。火星探査が再び盛り上がるのは、１９９０年代後半になってからです。

１９９６年11月７日に打ち上げられたアメリカの探査機マーズ・グローバル・サーベイヤー（ＭＧＳ）が、１９９７年９月12日に火星の周回軌道に投入されました。それから２００６年11月まで９年にわたり、火星の表面の様子をつぶさに観測し続けました。

２００１年４月に打ち上げられた２００１マーズ・オデッセイは、火星の極軌道《きょくきどう》に投入され、火星の地下に大量の水の氷があることを明らかにしました。さらにこの探査機は、２００３年に打ち上げられたスピリットとオポチュニティの２台の火星探査車（ローバー）が地球と通信をする際の中継点としての役割も果たしました。

２００３年にはマーズ・エクスプレスが、ヨーロッパの探査機として初めて火星の周回軌道に入り、高性能ステレオカメラなどでの観測を実施しました。２００５年に打ち上げられたマーズ・リコネッサンス・オービター（ＭＲＯ）は、上空３００㎞まで火星に近付き、最大解像度１ｍという細かさで、火星の地形や気象をより詳しく観測しています。

２０１４年は、アメリカとインドから２機の探査機が火星に到着しました。１機目は、アメリカ

の探査機メイブンです。メイブンは火星の大気観測に特化した探査機で、火星の大気がなぜとても希薄《きはく》なのかを明らかにしました。そして、インドから打ち上げられた探査機マンガルヤーンは、アジア初の火星周回衛星《えいせい》投入に成功し、インドの技術力の高さを示しました。さらに、2016年にはヨーロッパとロシアが共同でエクソマーズを送り込みました。エクソマーズは周回機とランダーのセットで、周回機は無事に火星の周回軌道を回るようになりましたが、ランダーの着陸には失敗してしまいました。

▲マーズ・グローバル・サーベイヤーのイメージ図　1997年9月から8年にわたり火星周回軌道上から火星を観測。
（提供：NASA/JPL-Caltech）

▲マーズ・リコネッサンス・オービターのイメージ図　2006年3月からか火星の人工衛星となり、現在も観測を継続中。火星表面の約30cmのものまで見分けられる高解像度カメラ「HiRISE」を搭載。（提供：NASA／JPL）

▲2001マーズ・オデッセイのイメージ図
2001年10月に火星周回軌道に入り、観測を開始。火星表面の組成を調べ、また、火星探査車のオポチュニティと地球との通信を中継している。（提供：NASA／JPL）

▲マーズ・エクスプレスのイメージ図
2003年12月から火星周回軌道上から火星を観測。火星表面をより詳しく調べ、火星大気や地下の構造を調べている。（提供：ESA）

ランダーやローバーでの探査も活発に

火星探査機は周回機だけではありません。着陸して大地を探査するランダーやローバーもたくさん火星に降り立っています。火星の大地に初めて降り立った探査機は、1971年にソ連が打ち上げたマルス2号です。このときはランダーが墜落してしまい、地球に情報を送ることはできなかったのですが、火星に到達した初めての人工物となりました。マルス2号と同時期に打ち上げられたマルス3号は、着陸には成功したものの、着陸20秒後に交信が途絶えてしまいました。それに対して、アメリカはバイキング1号、2号の探査が成功し、大きな成果をあげたのです。

このあと、探査機が再び火星の大地を踏むのは1997年になってからです。MGSから少し遅れて打ち上げられたマーズ・パスファインダーは、アメリカの建国記念日である7月4日に火星着陸しました。この探査機には、小型ローバーのソジャーナが搭載されていて、ソジャーナは世界初の火星上での自律走行を成功させました。

2003年にはマーズ・エクスプロレーション・ローバー（MER）計画として、スピリットとオポチュニティの2機のローバーが火星に向けて打ち上げられました。スピリットは2004年1月3日に火星の赤道付近に位置するグセフクレーターに着陸。オポチュニティは2004年1月25日にメリディアニ平原に降り立ちました。MERの目的は液体の水と生命の痕跡を探すことだったので、

2機のローバーを別々の場所に着陸させることで、より幅広い情報を集めるようにしたのです。さらに、2008年5月には火星の北極近くにマーズ・フェニックス・ランダーが、2012年8月にはローバーのキュリオシティが、それぞれ火星に到着しています。

▲マーズ・パスファインダーから送られてきた画像　火星表面にはさまざまなタイプの岩石があることを示している。
（提供：NASA/JPL）

▲マーズ・パスファインダーのソジャーナ
マーズ・パスファインダーの火星探査車ソジャーナがヨギ(Yogi)と名付けられた石の組成を調べている様子。玄武岩質の岩で、角の取れた丸い形は洪水によって運ばれた可能性を示している。（提供：NASA/JPL）

▲マーズ・エクスプロレーション・ローバーのイメージ図　スピリットとオポチュニティの2機のローバーで、地質の構造や鉱物組成を調査。2010年3月にスピリットは動作を停止した。オポチュニティは2018年に発生した大規模な嵐の影響で休眠状態に追い込まれている。
（提供:NASA/JPL/CornellUniversity/Maas Digital）

変化に富んだ火星の地形

火星の探査を進めることによって、地球からの観測ではわからない火星の素顔が次々に明らかになってきました。マリナー9号などによる初期の探査で人々を驚かせたのは、起伏に富んだ複雑な地形です。とくに大きな存在感を示しているのが、太陽系最大の峡谷であるマリネリス峡谷です。この峡谷は、火星の赤道付近を東西に3000km以上も延びていて、幅は平均

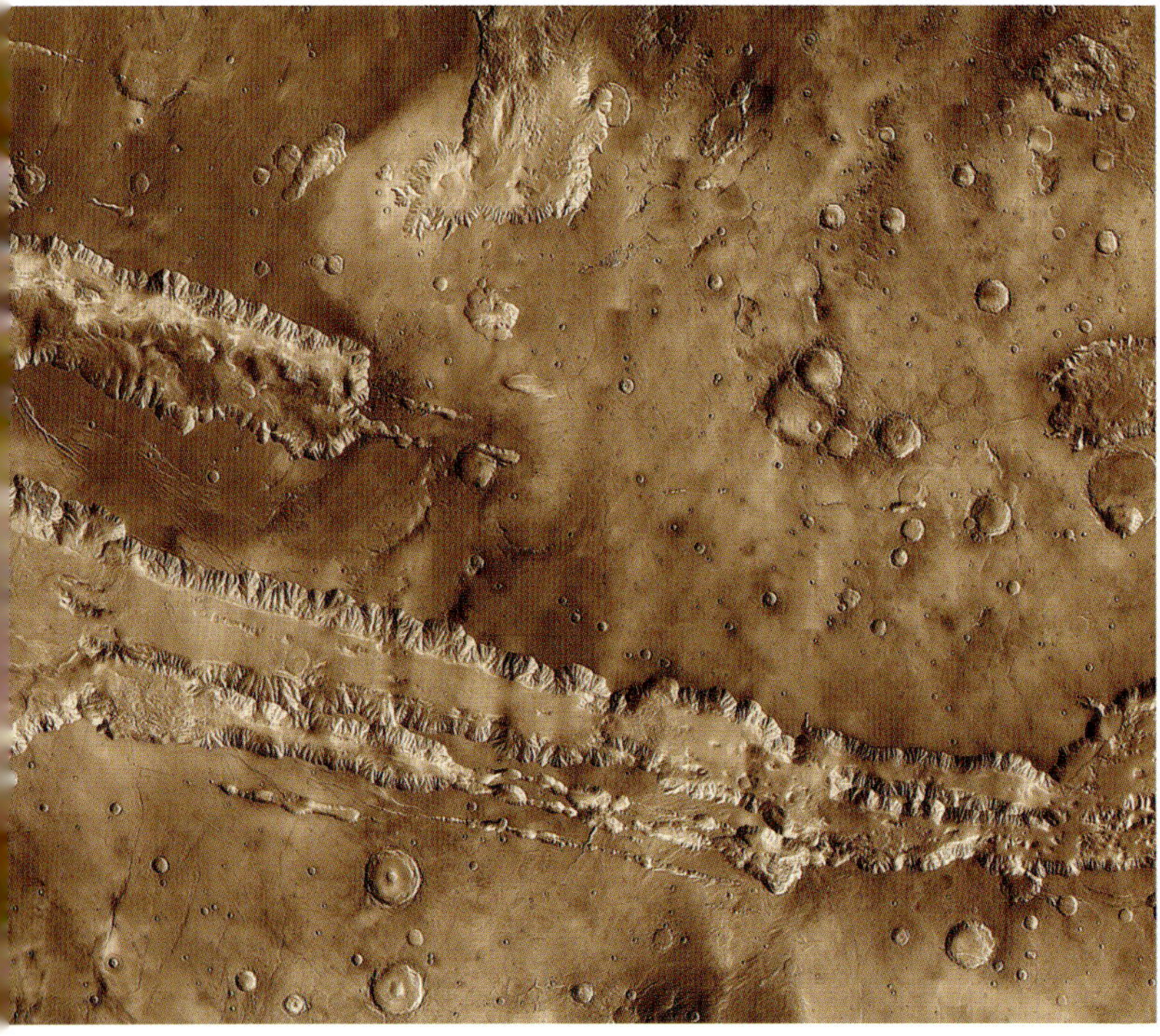

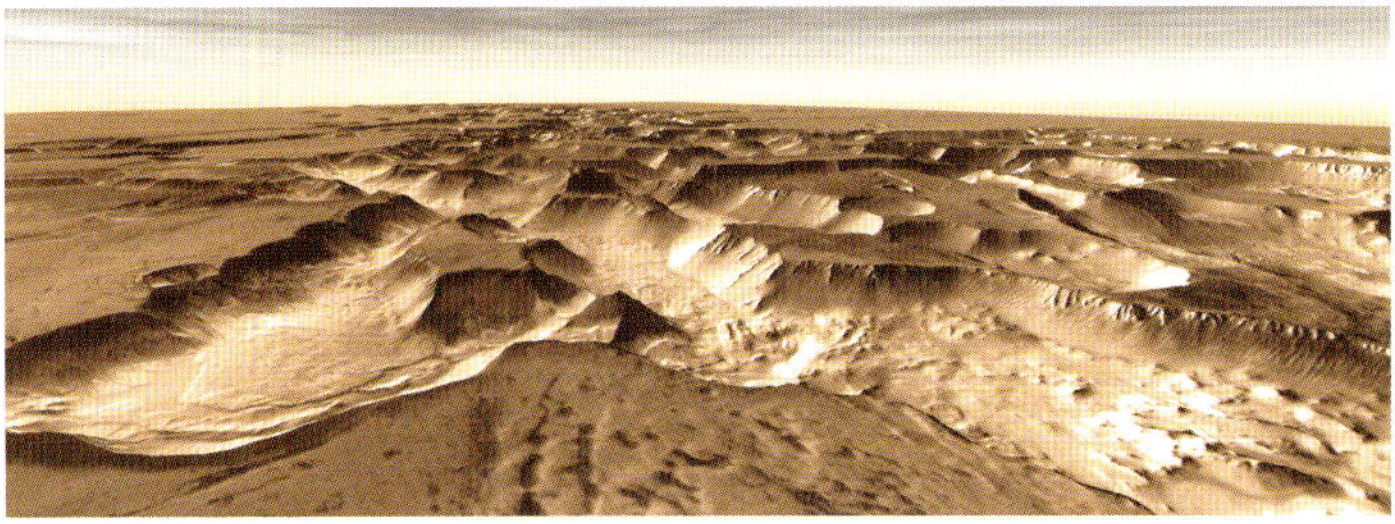

▲マリネリス峡谷の西側に位置するノクティス迷路　この地形も地殻変動によってつくられた。画像は2001マーズ・オデッセイによって撮影されたもの。
（提供：NASA/JPL-Caltech/ASU）

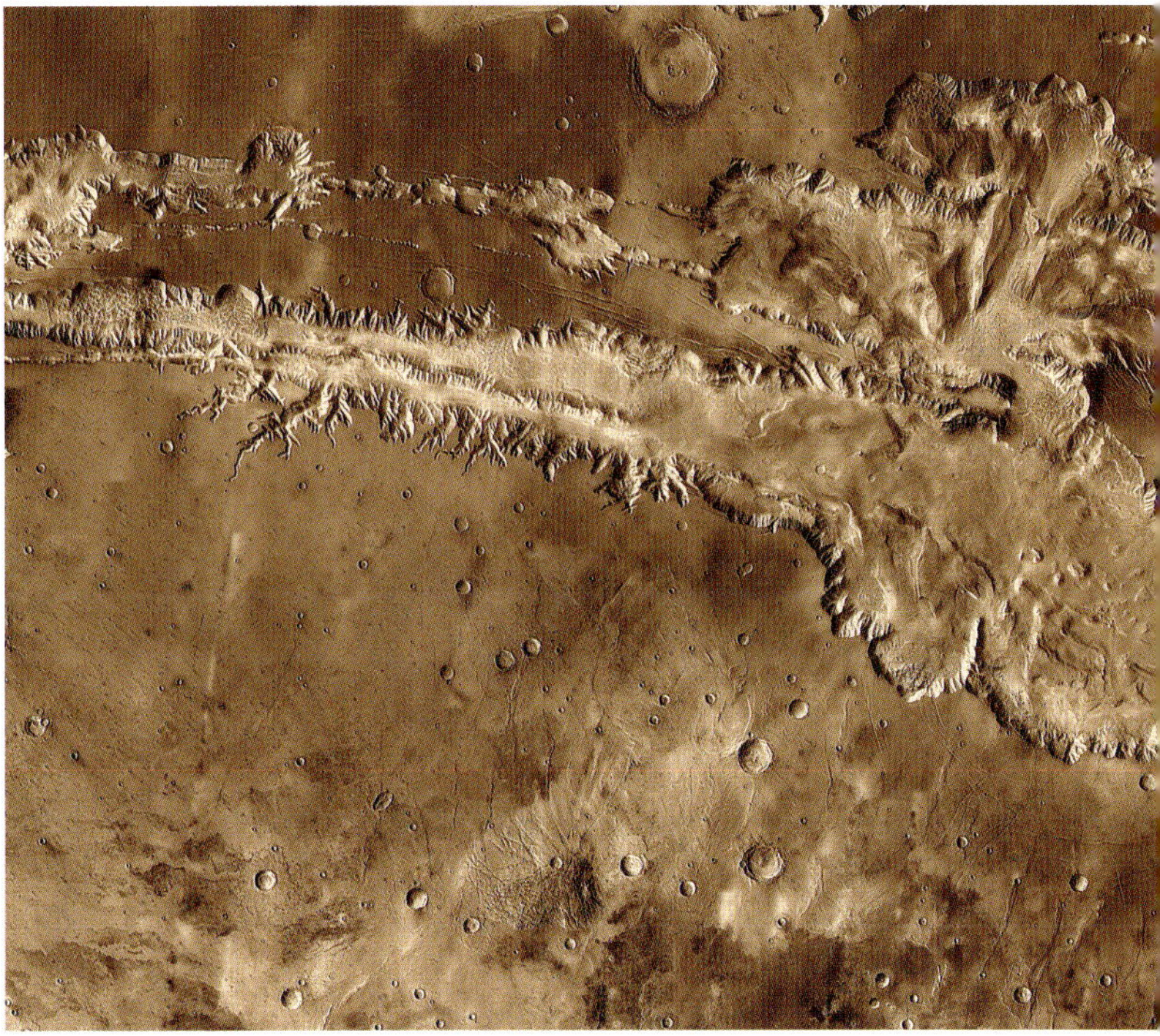

▲マリネリス峡谷（提供：NASA/JPL/USGS）

100km、深さは平均8kmもあります。

火星の上空から見ると、マリネリス峡谷は大きな傷口が開いたような地形に見えます。この地形は地《ち》殻《かく》変動《へんどう》によってつくられた断層がもとになっていると考えられています。その断層が風による浸食を受けたり、地滑りによる崩落を繰り返したりする中で、複雑な地形へと変化していったのでしょう。風の浸食は現在も続いていて、マリネリス峡谷の姿はつねに変化しているといいます。地球上で最大級の大きさを誇る峡谷は、アメリカのグランドキャニオンです。グランドキャニオンは全長446km、深さは最大で1.8km、幅は一番広い場所で29kmなので、これとくらべるだけでもマリネリス峡谷の

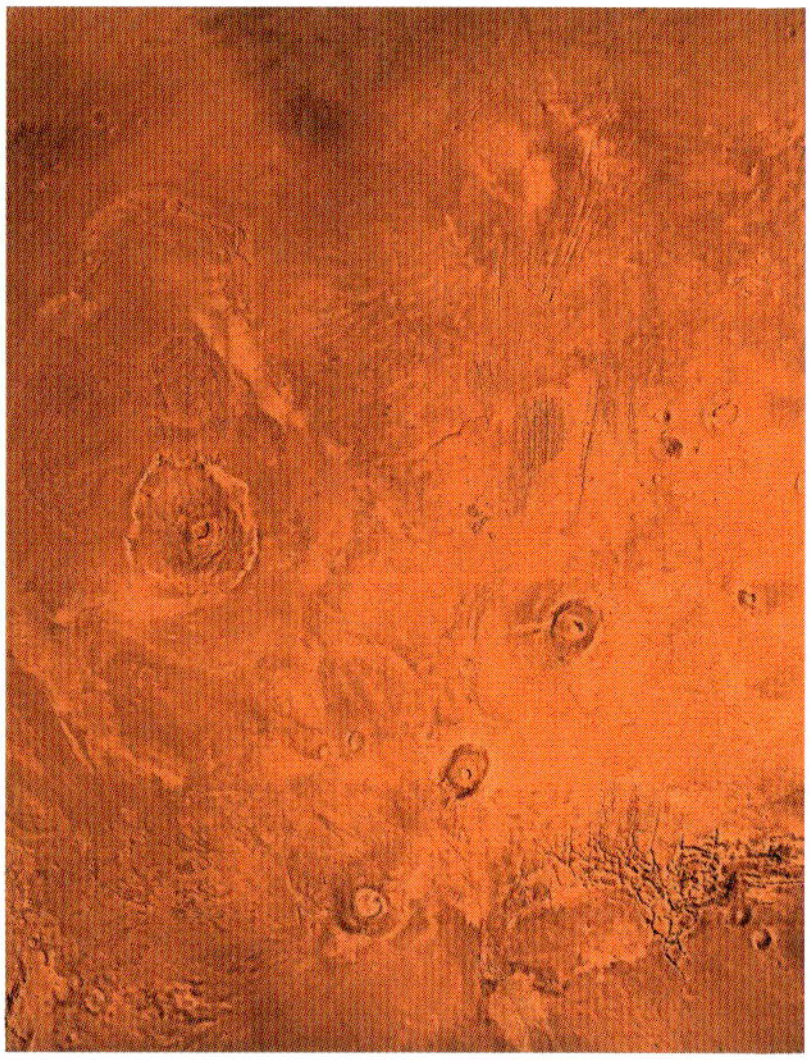

▲タルシス地域　タルシス地域の南東には、タルシス三山とよばれるアスクレウス山、パヴォニス山、アルシア山が並んでいる。北西側に位置するのがオリンポス山。（提供：NASA/JPL/USGS）

▲オリンポス山（提供：NASA/JPL/Malin Space Science Systems）

巨大さがわかります。

　グランドキャニオンは河川の水の浸食によって形成されたと考えられているので、似たような地形に見えますが、マリネリス峡谷とはまったく違うしくみでつくられたとみられています。

　マリネリス峡谷の西側に位置するタルシス地域は、長期間にわたって火山活動が繰り返された場所で、直径数千kmのドーム状の高原になっています。この場所にはたくさんの火山がありますが、その中でも目を引くのがオリンポス山です。オリンポス山は太陽系の中でも最大級の山で高さは25km、その幅は600kmにもなるといいます。さらに、タルシス地域の南東側にはアスクレウス山、パヴォニス山、アルシア

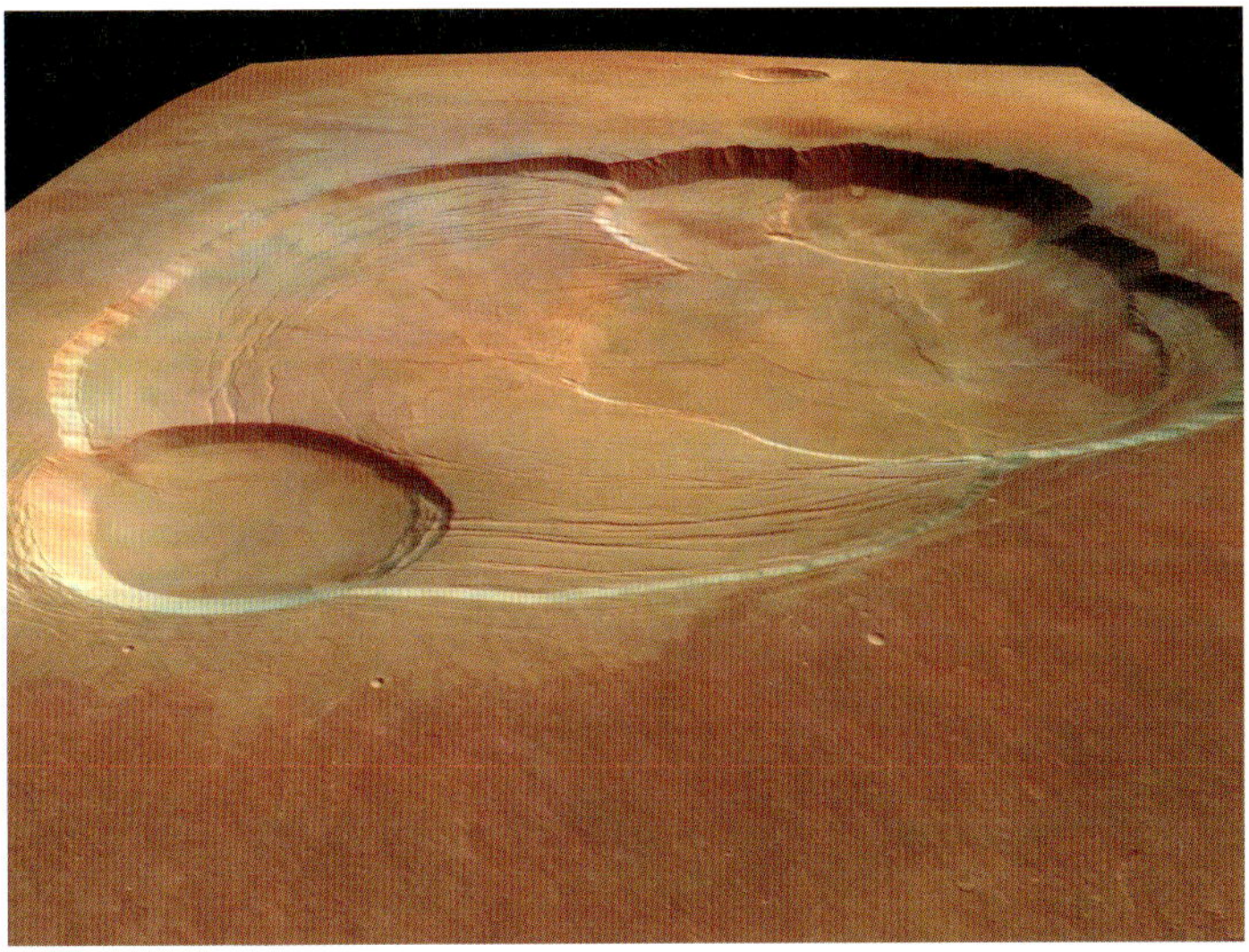

▲オリンポス山の山頂カルデラ　オリンポス山は、240万年前に噴火した活火山だとされている。カルデラは長径80km、短径60km、深さは3200mあり、カルデラの底には何回となく繰り返された隆起と陥没による断層や段差が見られる。（提供：ESA）

山と、高さが14～18㎞級の火山が3つも並んでいます。

　地球上の火山では、標高4205mを誇るアメリカ・ハワイ島のマウナケア山が有名です。マウナケア山の場合は、すそ野にあたる部分が海に隠れています。海面から山頂までが4205mなので、それが一般的に知られている山の高さになっていますが、海底からの高さを測定すると10203mになり、地球最大の火山となります。しかし、それでも火星にある火山の大きさにはかないません。

　火星に巨大な火山がたくさんつくられたのは、地殻構造に原因があると考えられています。地球では、表面を覆っているプレートがマントル対流などの影響を受けて動くプレートテクトニクスが発生しています。そのため、プレートの表面に火山がつくられても、プレートが移動することで、

▶ビクトリアクレーター
直径約750m、深さ75mの衝突クレーター。約1年間、オポチュニティはこのクレーターの中に降り、探査を行なった。（提供：NASA/JPL-Caltech/University of Arizona）

それまでつくられていた火山の場所がずれます。そして、もともと火山があった場所には新しい火山がつくられることになるのです。それに対して火星の場合は、プレートテクトニクスが起きていないので、同じ場所で噴火が続いた結果、巨大な火山が形成されたと考えられています。

火星は、北半球と南半球では地形が大きく違います。北半球は標高が低く全体的になだらかなのに対し、南半球は標高が高く起伏が激しくなっています。火星の地殻は5〜100㎞ほどの厚さになっていると考えられていますが、南半球の方が北半球よりも地殻が厚いので、火星の重心は少しだけ南側にずれています。どうしてこのような違いがあるのかはまだよくわかっていません。今後の探査が進むことで、この謎も解き明かされることでしょう。

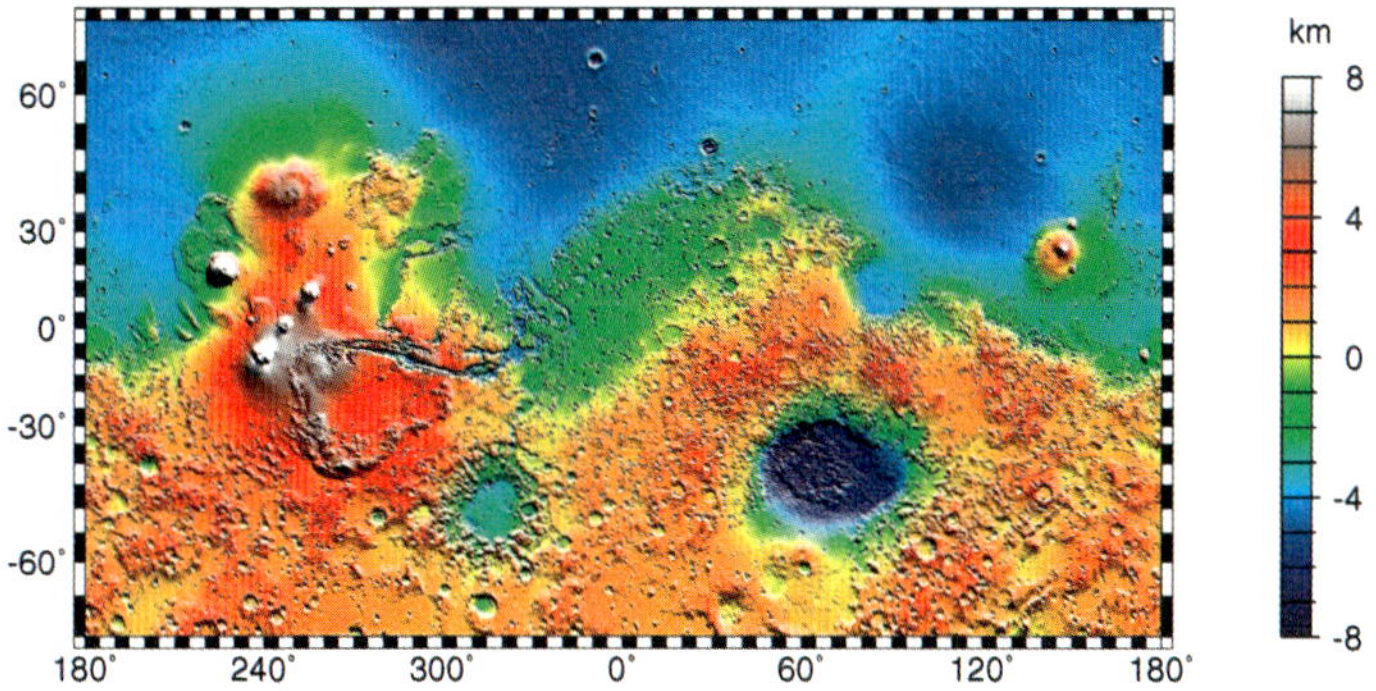

▲火星の高度地図
火星の地殻は、南半球の方が厚く、北半球が薄いというように二分化している。その理由はまだよくわかっていない。(提供：NASA/JPL/GSFC)

激しい嵐がつねに発生

火星には地球の1％ほどと、少ないながらも大気が存在します。少量でも大気が存在することによって、火星にも気象が生まれます。太陽からの熱で地表が温められると、大気も温められ上昇します。地表の温度差は上空での気圧の差を生み、その結果、大気が動いて風を発生させるのです。火星の風向きは地球とよく似ていて、火星の北緯50度あたりでは地球のジェット気流に相当する風が、赤道付近の地域では地球の貿易風《ぼうえきふう》やモンスーンに相当する風が、それぞれ観測されています。

火星の表面には、とても小さなチリや砂がたくさんあります。そのような微粒子《びりゅうし》が風に飛ばされることで、砂丘地帯をつくったり、岩などを浸食したりして、火星独特の地形をつくっています。また、火星では頻繁にチリや砂が巻き上げられるダストストーム（砂塵嵐《さじんあらし》）が発生します。ダストストームはつねに発生しますが、その規模は局所的なもので終わってしまうものから、火星全体を覆いつくしてしまうものまでとまちまちです。

ダストストームが発生すると、周回機からは火星表面が見えなくなり、ローバーはソーラーパネルがチリに覆われ発電がむずかしくなるなど、火星探査は大きな影響を受けます。火星環境を再現した実験では、時速１００㎞以上の風がチリや砂を巻き上げていることがわかってきました。火星の大気中には巻き上げられたチリが漂っているために、火星の空は青色ではなくピンク色やオレンジ色に見えるそうです。また、ダストストームの仲間で、チリや砂が渦を描いて柱状《ちゅうじょう》に巻き上げられていくダストデビル（塵旋風《じんせんぷう》）も観測されています。

▲火星の北極周辺を覆うダストストーム
（提供：NASA/JPL/Malin Space Science Systems）

▲2012年3月14日に火星で発生したダストデビル
（提供：NASA/JPL-Caltech/Univ. of Arizona）

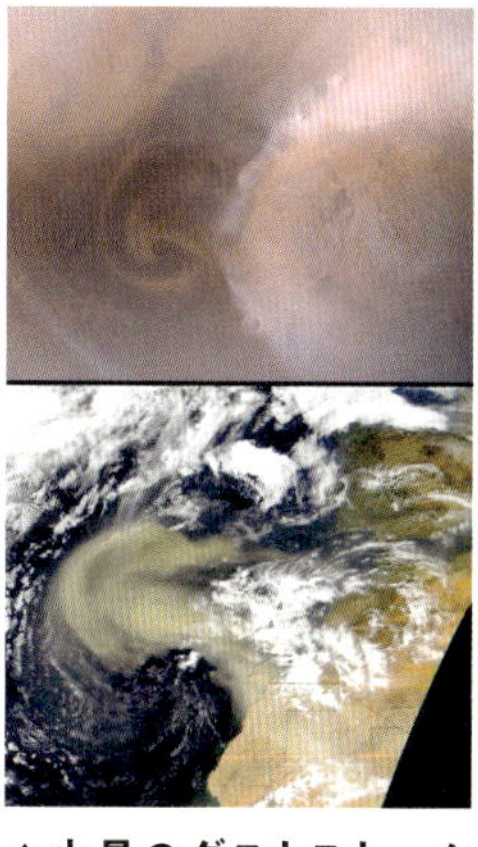

▲火星のダストストーム（上）と地球のダストストーム（下） 火星の大気は地球の1％くらいしかないが、発生するダストストームは地球のものと似ている。（提供：NASA/JPL/MSSS）

明らかになってきた水の存在

マリナー9号、バイキング1号、2号などの探査によって、火星は大きな生物のいない、とても乾いた惑星であることが明らかになりました。表面に液体の水は見あたりません。この光景を目の当りにした多くの人たちは落胆したことでしょう。しかし、これらの探査では同時に興味深いことがわかってきました。火星の表面には水の流れによってつくられた地形がたくさんあったのです。

ただ、これらの地形が本当に水の流れによってできたのかについては、半信半疑なところがあり、科学者の中でも議論が起こっていました。また、火星の表面に水が存在していたとしても、数十億年前くらいであるという考えが大半を占めていました。しかし1999年、マーズ・グローバル・サーベイヤー（MGS）によって、火星の水に対する考え方を大きく変えてしまう発見がなされました。クレーターの内壁や砂丘の斜面などで、水に浸食された痕跡が発見されたのです。しかも、これらの痕跡は数百年前と、地質学的に見て比較的最近のものでした。この発見によって、火星の地下には水の氷が存在するのではないか、今でも水脈があるのではないかなどという仮説が次々に立てられました。

2004年の初頭に火星着陸をはたした2機のローバー、スピリットとオポチュニティは、クレーターの内壁を調査し、堆積岩《たいせきがん》が存在することを明らかにしました。地球では、堆積岩は河川などで運

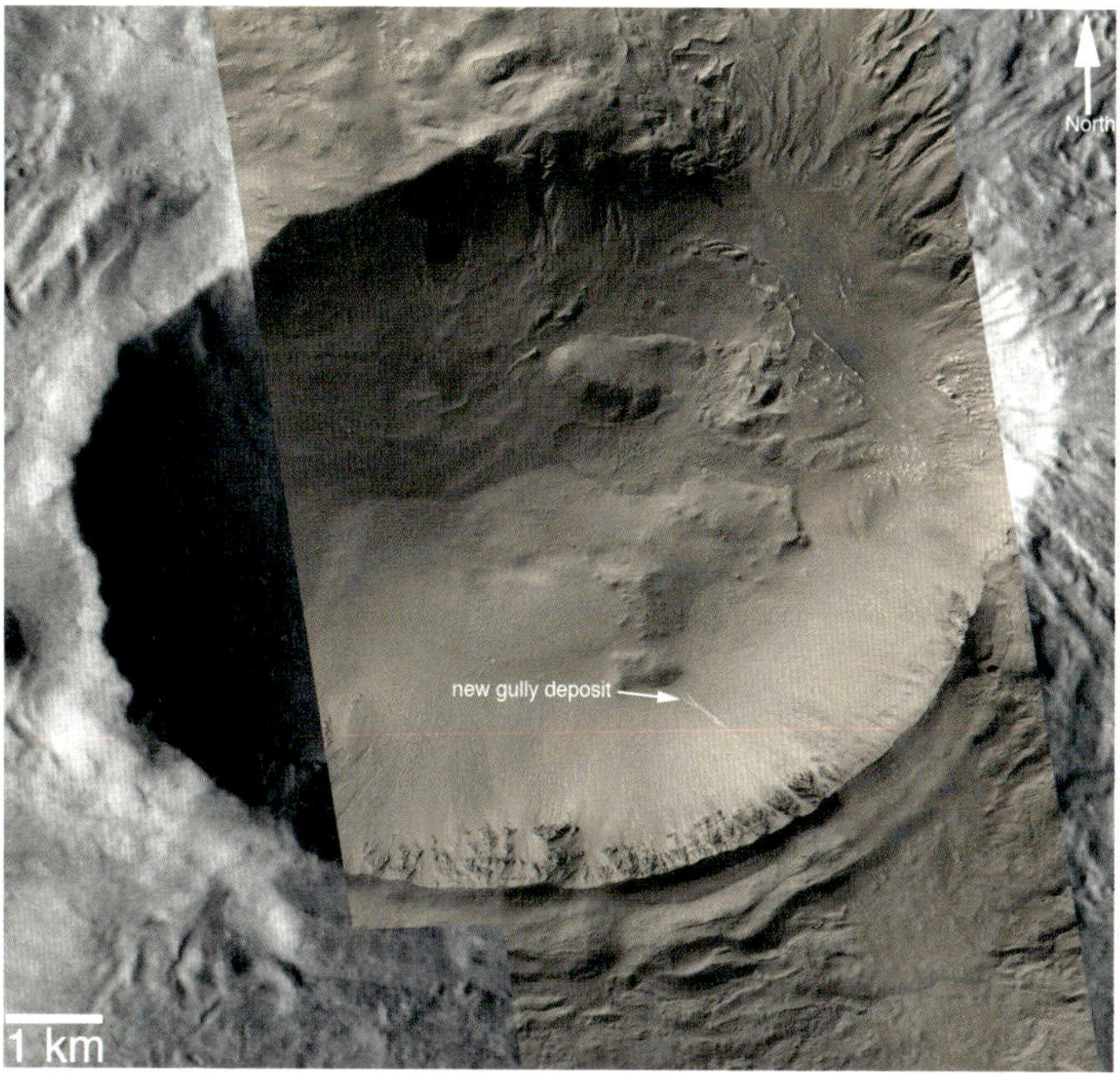

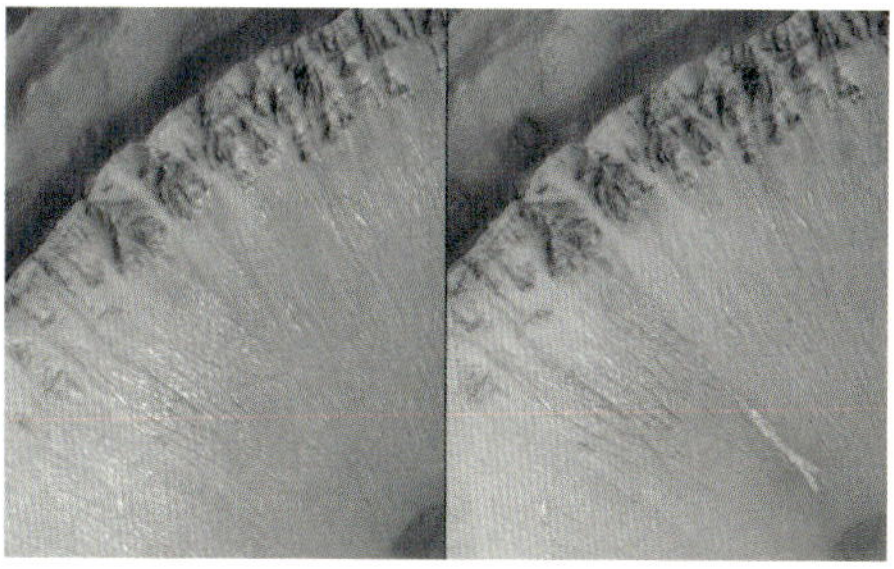

▲マーズ・グローバル・サーベイヤーがとらえたガリー　火星の南半球に位置するケンタウリ大地に位置するクレーターの内壁で、2005年9月に新しいガリー（溝状の地形）を発見した(上)。1999年8月に同じ場所を撮影したときには見られなかったものだ（左下）。ガリーが枝分かれしていることから、液体の水によってつくられたものであると考えられている（右下）。（提供：NASA/JPL/Malin Space Science Systems）

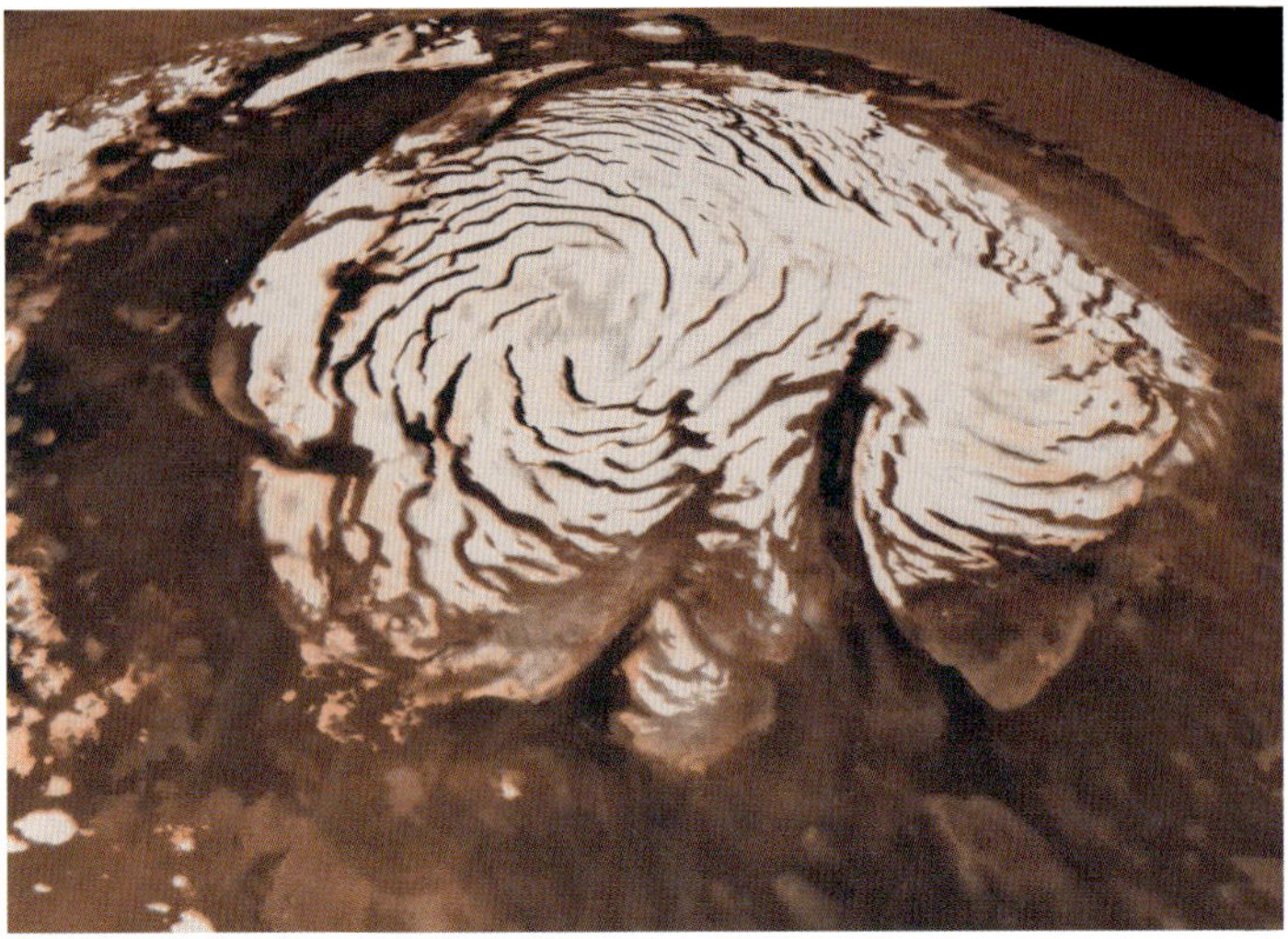

▲火星の北極にある極冠　火星の北極にはボレウム高原があり、直径100km、厚さ3kmの氷床で、たくさんの水の氷があると考えられる。（提供：NASA/JPL-Caltech/MSSS）

ばれた土砂が河口付近に積み重なることで形成されます。つまり、堆積岩が存在することは、火星にも河川や海、湖などがあった証拠とみられています。実際、火星の堆積岩にも水が関与して形成したと考えられる特徴がありました。このほかにも赤鉄鉱《せきてっこう》や硫酸塩鉱物《りゅうさんえんこうぶつ》といった鉱物も発見され、過去に液体の水が存在した証拠と考えられています。これらの鉱物は通常、水の中で沈殿《ちんでん》することによってつくられるものだからです。

２００８年５月に火星の北極地域に着陸したマーズ・フェニックス・ランダーは、６月15日に地面を１〜２ｍほど掘った場所に氷のようなものがあることを発見しました。この物質の正体を直接確かめることはできませんでしたが、４日後に自然に消えてしまったことから、水が凍ったものだと考えられました。

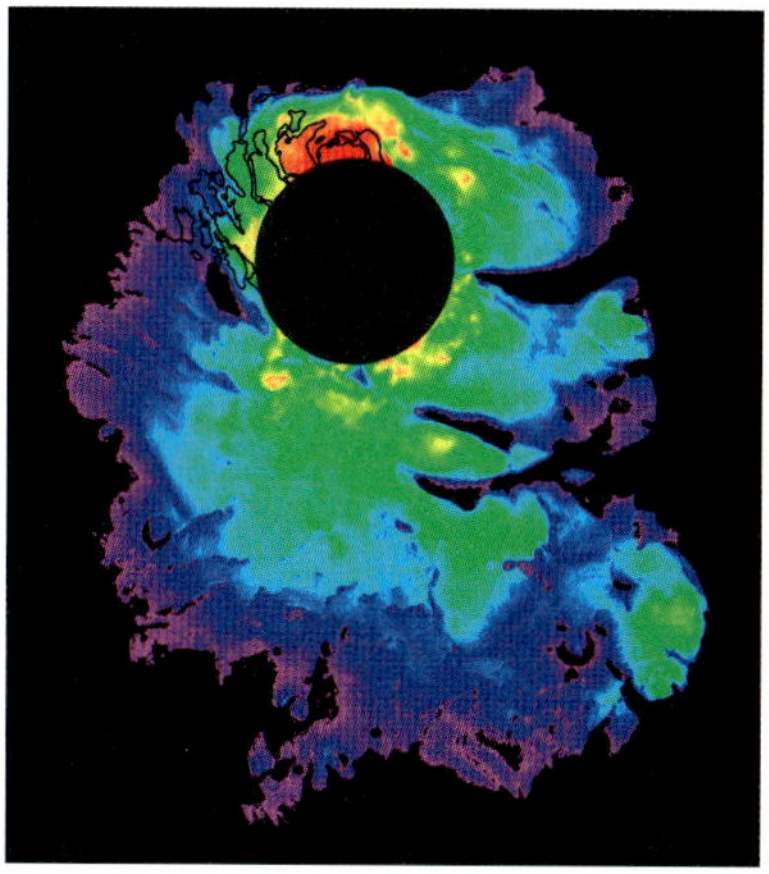

▲マーズ・エクスプレスの地下探査レーダー高度計による火星の南極の極冠の堆積物の観測データ　紫色が堆積物が薄く、緑色、黄色、赤色になるにつれて堆積物が厚くなる。
（提供：NASA/JPL/ASI/ESA/Univ. of Rome/MOLA Science Team/USGS）

さらにフェニックスは、土壌のサンプルを100℃まで加熱したときに発生した気体成分の中に水蒸気が含まれていることを確認していて、火星の表面に水分があるという間接的な証拠を得ています。

ヨーロッパの探査機マーズ・エクスプレスも水の存在を確認する観測結果を発表しています。まず、赤外線《せきがいせん》分光《ぶんこう》観測によって火星の南極に広がる極冠に水の氷がたくさん含まれていることを確認しました。火星には北極と南極の両方に氷で覆われた極冠が存在します。この極冠は、二酸化炭素の氷（ドライアイス）と水の氷でできていると考えられていたのですが、マーズ・エクスプレスの観測によって、南極の極冠にはこれまで考えられていたよりも大量の水の氷が蓄えられていることがわかってきました。

観測データを分析すると、南極に存在する水の氷は数百平方kmにもおよぶそうです。さらに、地下探査レーダー高度計による測定で、極冠のドライアイスの下にも凍土層《とうどそう》が広がっていて、その9割以上が水の氷でできていることが明らかになりました。火星の水は地下に氷の状態で存在すると考えられていますが、その氷の存在が具体的に示されたのです。ちなみに、この氷をすべて溶かすと、火星の平均表面から11mの高さに達するそうです。

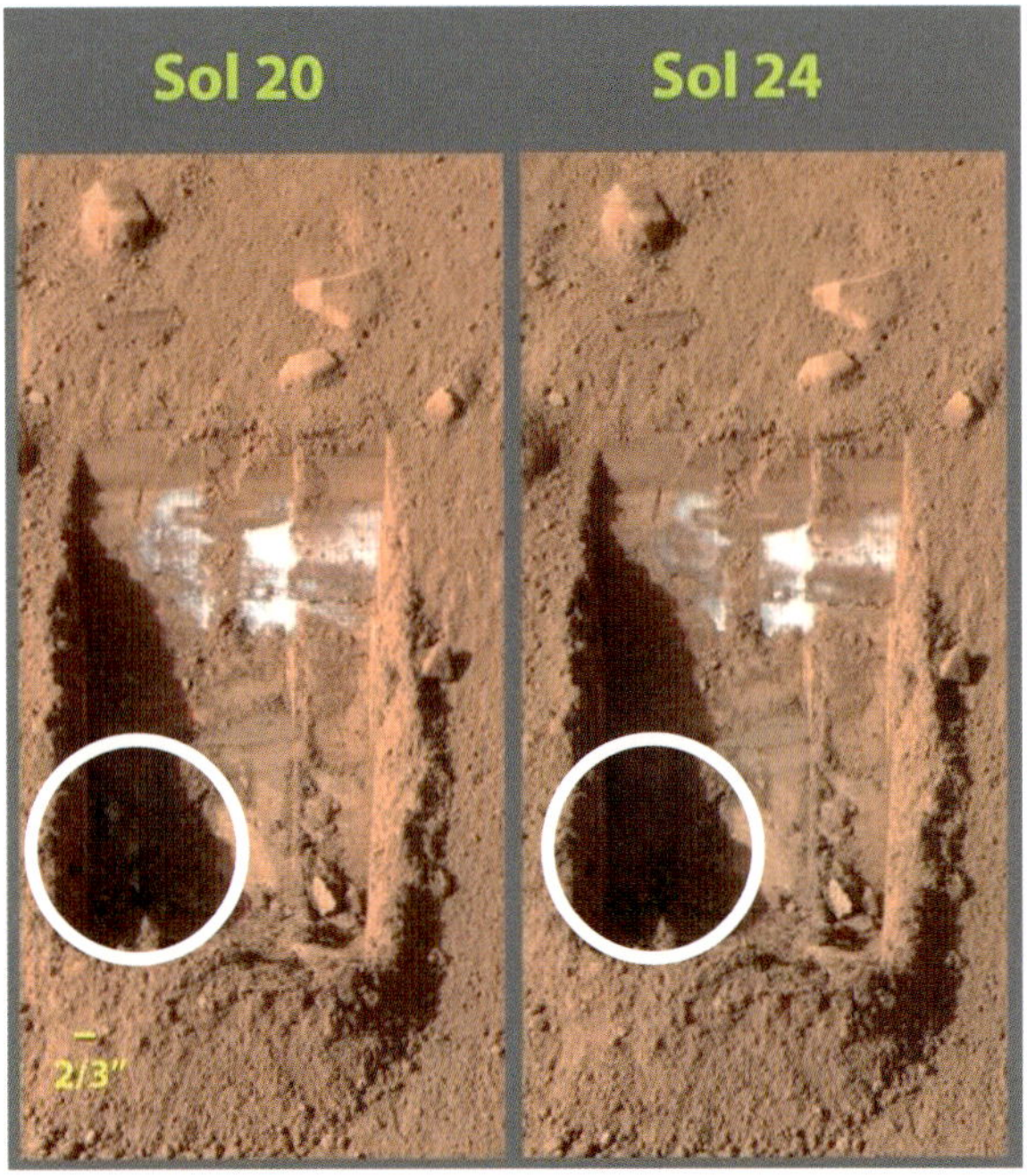

▲フェニックス・ランダーによって発見された水の氷と思われる物体　2008年6月15日に撮影した画像（左）には、左下の影の部分に氷のようなものが写っていたが、6月19日には消えていた（右）。
（提供：NASA/JPL-Caltech/University of Arizona/Texas A&M University）

そして、MROの研究グループは、2015年9月に南半球の中緯度から赤道付近に位置するクレーターの内壁で興味深い筋模様を見つけたと発表しました。この筋は、気温がマイナス23℃より高くなる夏の間だけ見られるそうです。夏の間は斜面の下に向かって徐々に延びていくのに、秋になると消えてしまいます。そして、夏になると再び筋模様が現われるのです。そのため、この筋模様

▲MROにより発見されたRSL　クレーター内部の斜面に、夏から秋にかけて現われる黒い筋は染み出してきた水によってつくられると見られている。
（提供：NASA/JPL-Caltech/Univ. of Arizona）

はＲＳＬ（Recurring Slope Lineae：繰り返し現われる斜面の筋模様）とよばれています。

ＭＲＯに搭載されている分光器《ぶんこうき》のデータを分析したところ、ＲＳＬの部分には含水鉱物《がんすいこうぶつ》が存在することがわかりました。含水鉱物が存在するからといって、火星の表面に液体の水が存在すると断言することはできません。しかし、夏の間だけ観測されることや、筋模様が徐々に広がることといった情報も総合して考えると、筋模様をつくっているものが水である可能性がとても高くなります。

たくさんの探査機による探査によって、現在の火星にも水が存在する可能性が高まってきました。ただし、これらの結果は、周回機が火星の周回軌道から得たものがほとんどです。火星に水が存在すると確実にいうためには、火星の地殻から水そのものを発見する必要があります。現在、火星には探査ローバーのキュリオシティがいますし、今後、新たなローバーが送り込まれる予定もあります。近い将来、ローバーによる探査で水が発見される日が実際に訪れることでしょう。

火星に生命は存在するのか

火星生命の発見は、火星探査の大きな目標の一つです。19世紀には、アメリカのパーシヴァル・ローウェルが、火星に知的生命体がいるという説を唱え、多くの人々の心をつかみました。しかし、この説はその後、マリナー4号、マリナー9号などによる探査によって否定されることになります。

さらに、1970年代にはバイキング1号と2号を火星の表面に着陸させ、有機物《ゆうきぶつ》や栄養液《えいようえき》に反応する生命を探しましたが、発見されませんでした。これらの探査によって、一度は火星に生命がいないと結論づけられたのですが、1990年代に入ると、再び火星に生命が存在する可能性が論じられるようになりました。

1997年7月4日に、アメリカの探査機マーズ・パスファインダーが21年ぶりに火星に着陸すると、搭載していた小型ローバーのソジャーナとともに、数多くの科学的な成果をあげました。その中の一つが、かつて火星の表面に川などがあったことを示す、角の取れた小石の発見です。地球でも、河原にある小石は角が取れて丸くなっています。これは、川の流れに乗って流れてくるときに、石が転がって、川底などに角が当たって削られていくためです。

つまり、かつての火星では表面に液体の水が安定して存在していたという痕跡が発見されたことになります。また同時期に、火星からやってきた隕石《いんせき》の中に火星の微生物のものと思われる痕跡が発見されたことから、過去には、火星にも生命がいたのではないかという期待が大きくなっていきます。

天体に生命が存在するためには、液体の水、有機物、エネルギーの3つの要素が必要だと考えられています。探査が進み、40億～30億年前の火星は、表面に大量の水が存在し、地球によく似た温暖《おんだん》・湿潤《しつじゅん》な気候が長期間続いたと考えられるようになりました。このことも、過去に火星に生命が誕生したという考えを補強しています。

▲マーズ・パスファインダーが撮影した火星表面のパノラマ画像　マーズ・パスファインダーが撮影した３つの画像をもとに作成された360度パノラマ画像。パスファインダーの真上から見下ろした構図で、左上にソジャーナーが見える。ただし、中央のパスファインダーは博物館に展示されているパスファインダーの模型。（提供：NASA/JPL）

また、生命の存在が議論されるときには、必ずといっていいほど「ハビタブルゾーン（生命居住可能領域）」という考え方が登場します。ハビタブルゾーンは、ある恒星系《こうせいけい》において、生命が存在できると考えられる領域で、恒星との距離によって決まります。多くの場合、この領域は、「天体の表面に液体の水が存在できる範囲」と同じ意味合いで使われます。太陽系の中でハビタブルゾーンに完全に入っているのは地球だけで、火星は計算のしかたに

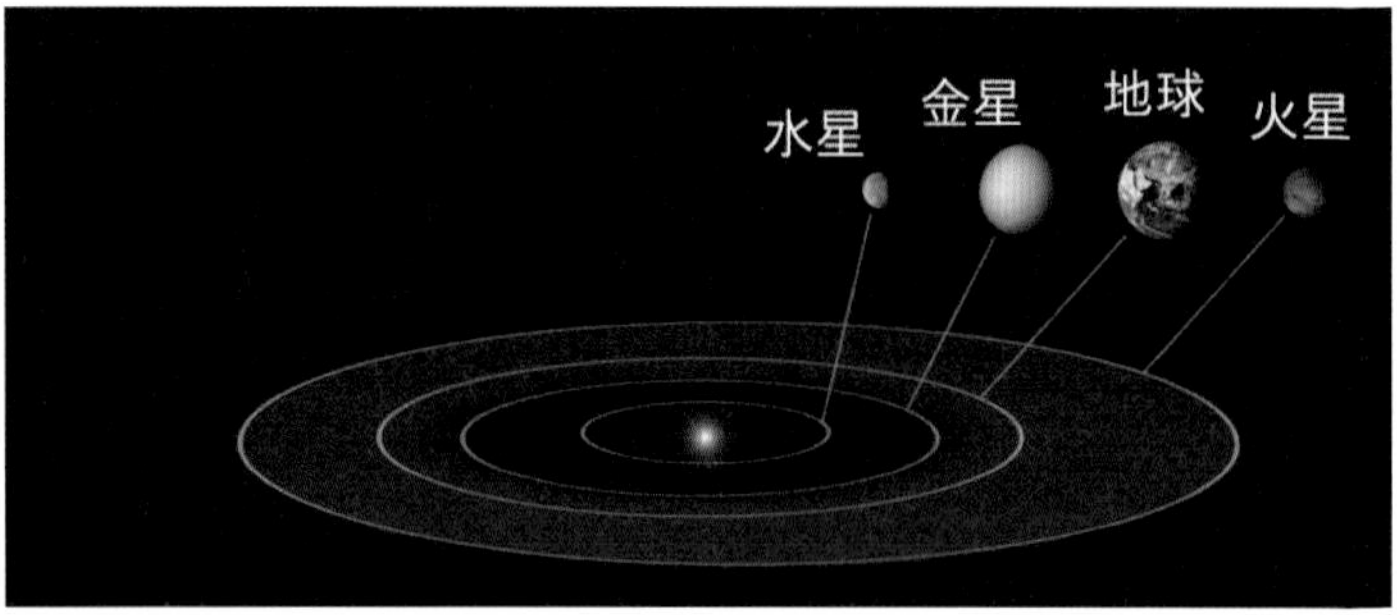

▲惑星系のハビタブルゾーン　惑星表面に液体の水が存在の可能性のある主星（太陽）からの領域を「ハビタブルゾーン」と呼んでいる。太陽系では明確にハビタブルゾーンに入るのは地球だけ。火星は計算条件によって入る場合もある。ハビタブルゾーンの内側に位置する星（水星や金星）では水は蒸発、外側の星（木星や土星以遠）では、水は凍ってしまう。(提供：NASA/JPL-Caltech/T. Pyle)

よって入るか入らなかったりします。このような位置関係によって、太陽系のほかの天体よりも生命が存在する可能性が高いと考えられてきました。

火星は地球の隣に位置し、地球によく似た惑星です。しかし、よく似ているといっても、気象条件などは異なります。ここで生命が誕生する可能性はあるのでしょうか。火星は、重力が地球の38%しかなく、大気圧も地球の0・75%と、地球にくらべて重力が小さく、大気が極端に少ないです。しかも、火星の大気は95%が二酸化炭素で、酸素はほとんどありません。そのような環境で、生命が誕生する余地があるのでしょうか。

答えは、イエスです。重力が少しでもあれば、生物は岩石などの物質の上に体を安定させますし、酸素がない場所でも生存する微生物もいます。現に、地球に現われた初期の生物は酸素がまったくない場所で生活する嫌気《けんき》性生物《せいせいぶつ》でした。地球よりも過酷《かこく》な環境である火星でも生物が生まれ、育つ素地は多分にあります。また、火星で

▲南極で発見された火星からの隕石ALH84001　この隕石に、火星の微生物の痕跡が含まれていたとして話題となった。（提供：NASA/JSC/Stanford University）

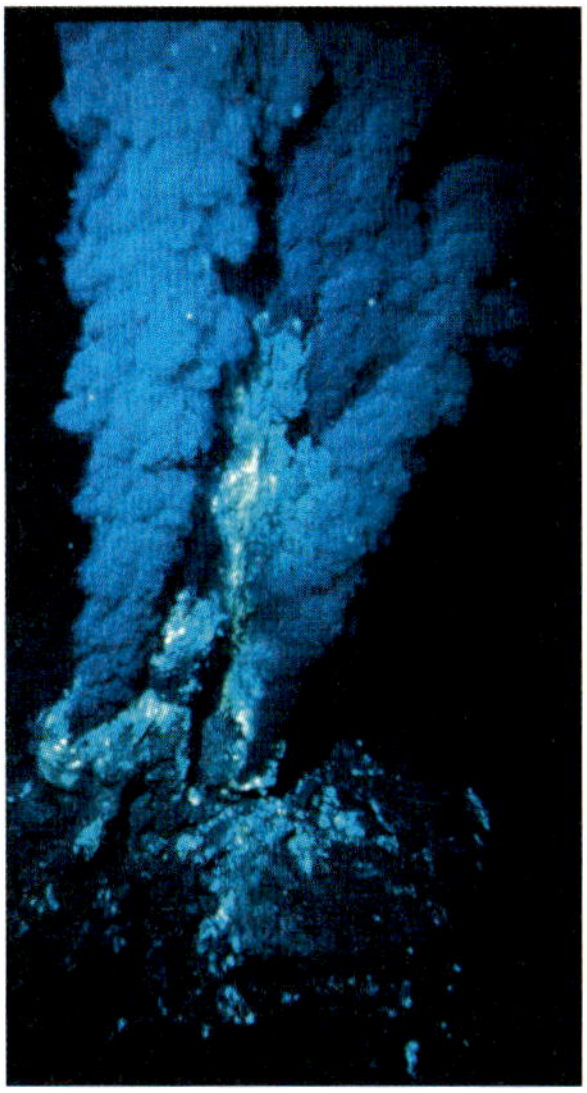

▶熱水噴出孔　地熱で温められた熱水が海底下から噴き出す。熱水には化学合成細菌のエサとなる様々な化学物質が溶けていて、深海に特殊で豊かな生態系を生みだしている。（提供：OAR/National Undersea Research Program (NURP); NOAA）

は、たびたびメタンが観測されています。

地球の大気中に存在するメタンの9割は、生物活動によって排出されたものだといいます。火星は大気が薄く、紫外線《しがいせん》が地表まで降りそそぎやすい環境です。そのため、地球よりもメタンが分解されやすいのですが、メタンが存在するということは、現在でも火星でメタンがつくられていることを意味します。火星でのメタンの発生源としては、生物のほかに、岩石の化学的な変化や過去の火山活動などが考えられています。とくに火星では「泥火山《でいかざん》」が有力なメタンの発生源と見られています。火星には数万個の泥火山が発見されています。

かつて、火星で大量のメタンがつくられていたとすれば、それをエサとするメタン菌が生存していた可能性があります。地球では、初期の生命は深海の熱水噴出孔《ねっすいふんしゅつこう》に近い環境で誕生したのではないかと考えられています。熱水噴出孔では、地熱で温められた300℃以上の海水が噴出しています。それだけでなく、その海水にはメタンや二《に》酸《さん》化《か》硫黄《いおう》などの化学物質がたくさん含まれていて、それらをエサとする化学合成《かがくごうせい》細菌《さいきん》も生息しています。実際、DNAなどを調べてみると、地球生命の共通祖先といわれるコモンノートは、メタン菌に近いものだったようです。そう考えていくと、火星にはかつてメタン菌のようなものが存在していてもおかしくありません。火星の泥火山でメタンが発生していたら、現在もメタン菌が存在する可能性は充分にあるといえるでしょう。

火星で微生物が見つかれば、大発見です。これまで、この宇宙の中で生命は地球でしか発見されていないので、この状態では、生命の本質は見えてきません。私たちは、地球の環境で進

▲ラドン盆地　古代の大きな川だったラドン峡谷から流れ込んだ粘土鉱物などが堆積していて、生命の痕跡が存在するのではないかと期待されている。火星探査ローバー、キュリオシティの着陸地の候補の一つとなっていた。
（提供：NASA/JPL-Caltech/Univ. of Arizona）

化してきた生命しか知らないので、私たちが知っている生命は地球に特化したものなのかもしれないのです。火星で生命が発見されれば、火星の生命と地球の生命をくらべることができます。そうすることで初めて、生命とは何かがよりよくわかってくるはずです。

▲マリネリス峡谷の北に位置するアキダリア平原にはたくさんの泥火山があるとみられている。将来の探査計画での着陸点候補の一つとなっている。(提供：NASA/JPL-Caltech/ASU)

火星以外にも生命が存在する!?

ここまで、火星に生命が存在するかどうかという話をしてきました。実は、太陽系の探査を進めているうちに、太陽系の中には、生命が存在する可能性のある天体がたくさんあることがわかってきました。その筆頭が土星の衛星エンケラドゥスです。

土星は太陽から約14億3000万km も離れた場所を周回しています。そして、エンケラドゥスは、土星の周りを回る直径約500km の小さな衛星です。もちろん、ハビタブルゾーンの外側に位置しているので、太陽から届くエネルギーはごくわずかです。そのため、エンケラドゥスの表面は氷に覆われていて、表面の平均温度はマイナス200℃くらいしかありません。

このような生命と無縁に見える天体が、なぜ注目されているのでしょうか。その謎を解くのは、エンケラドゥスの南半球に見られる幾筋もの亀裂《きれつ》です。この亀裂は、トラの背中の縞模様に似ていることから「タイガーストライプ」ともよばれています。

2005年に土星探査機カッシーニが、このタイガーストライプから何かが噴出《ふんしゅつ》している様子をとらえました。調査の結果、エンケラドゥスの噴出物の主成分は氷であることがわかってきました。つまり、タイガーストライプから噴出した液体の水が噴き出し、宇宙空間で凍ったものだったのです。

ということは、凍りついたように見えるエンケラドゥス内部には海があることになります。さらに、

▶土星の衛星エンケラドゥス
土星から約24万km離れた場所を周回する衛星で、表面は氷に覆われている。南半球に見える何本もの青い筋がタイガーストライプ。（提供：NASA/JPL/Space Science Institute）

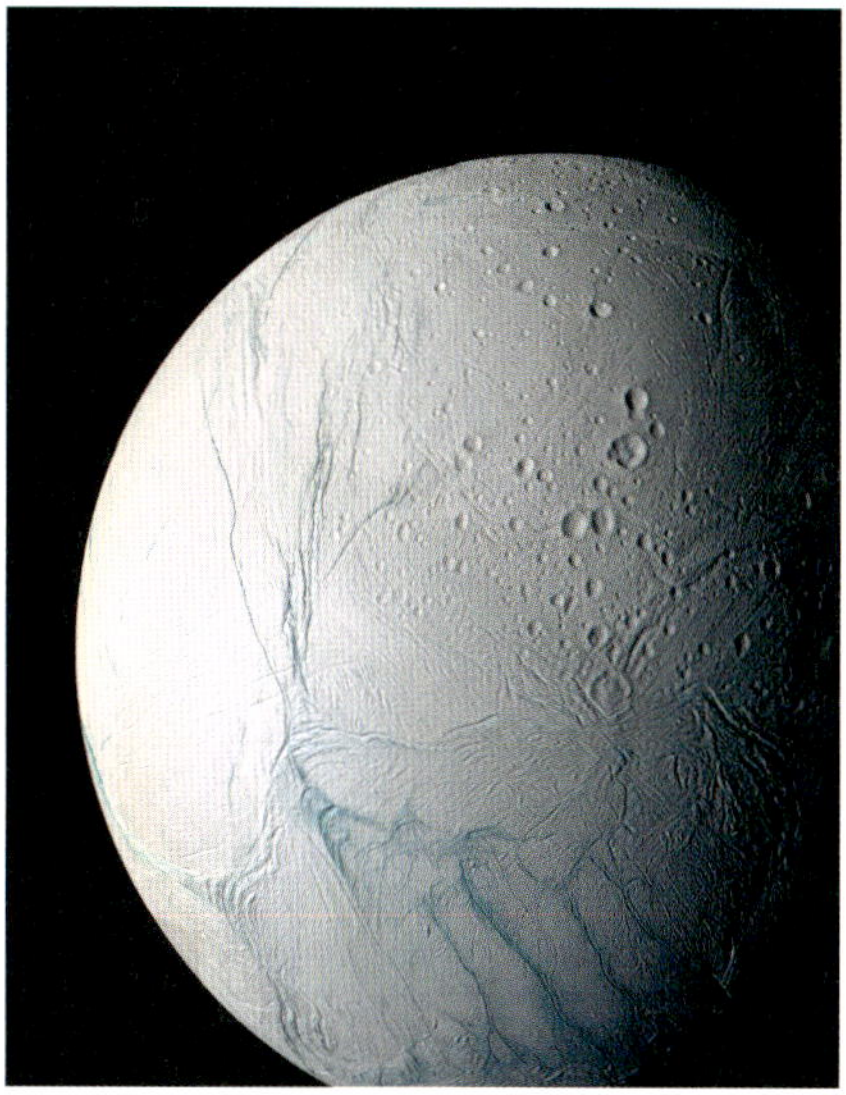

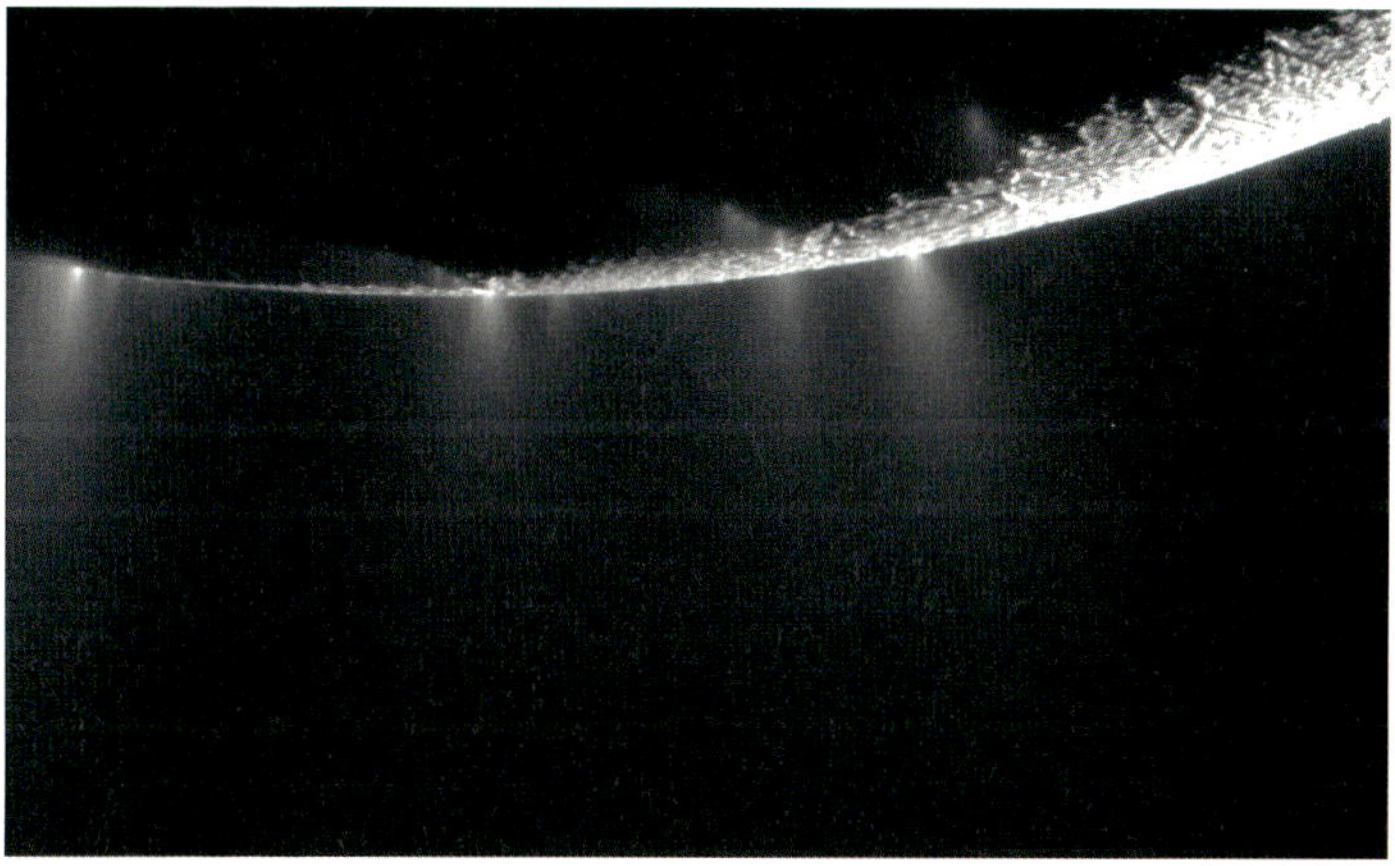

▲タイガーストライプから水などを噴出するエンケラドゥス　土星のリングの1つである「Eリング」は、エンケラドゥスの噴出物によってつくられると考えられている。Eリングにナノシリカが含まれていることが観測されたことで、エンケラドゥスの内部に熱水環境があることがわかってきた。（提供：NASA/JPL/Space Science Institute）

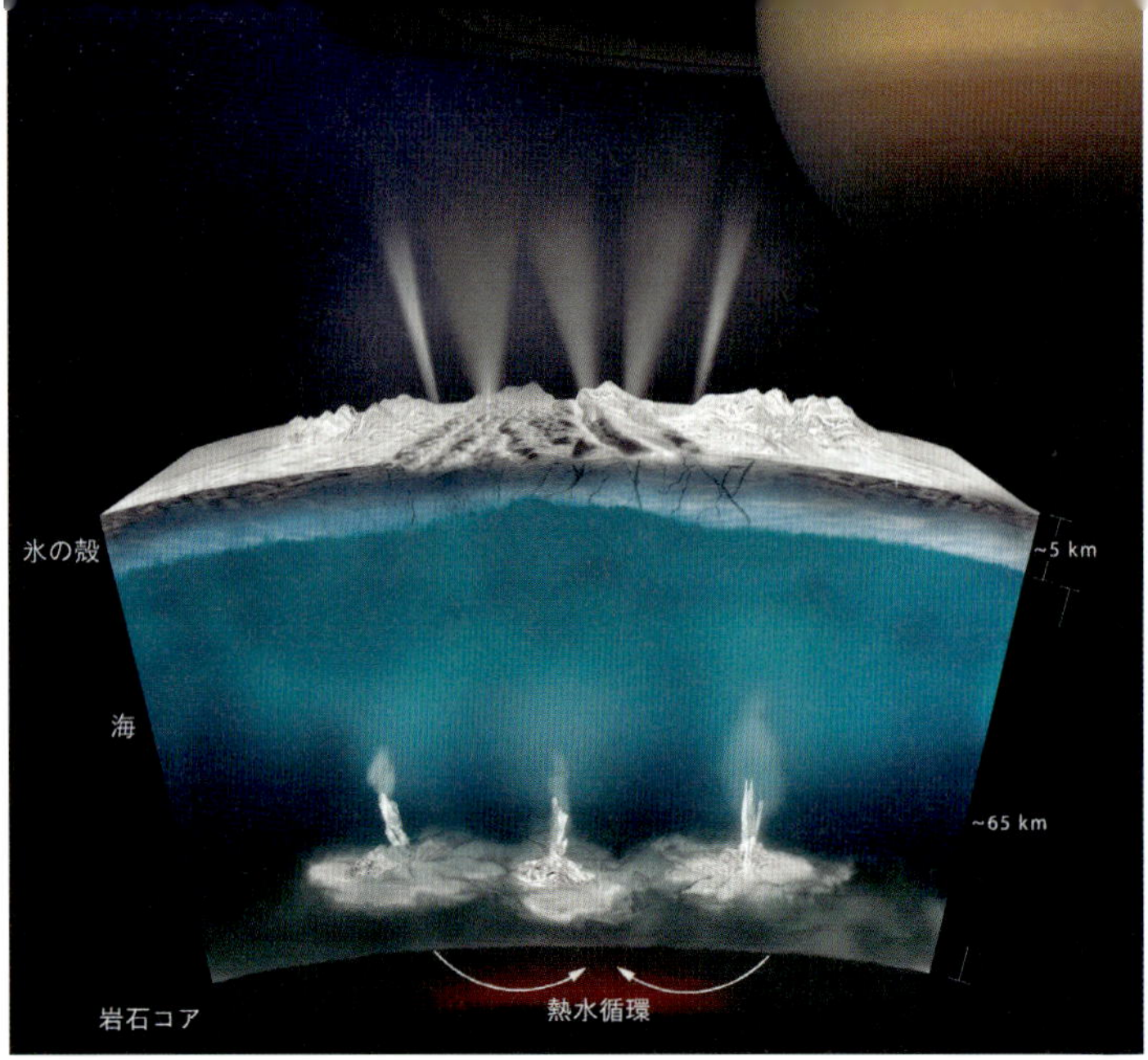

▲エンケラドゥス内部のイメージ図　エンケラドゥスは、表面の氷の層の下に、液体の水（海）があると考えられている。そして、海底の部分には、地球の熱水噴出孔のようなものが存在しているとみられ、生命の存在も期待されている。
（提供：NASA/JPL-Caltech/Southwest Research Institute）

カッシーニの観測結果を分析すると、エンケラドゥスからは水だけでなく、5〜10nm（1nmは10億分の1m）ほどのナノシリカとよばれるシリカ（二酸化ケイ素）の微小粒子《びしょうりゅうし》も噴出していることがわかってきました。

　地上の実験室でエンケラドゥス内部の状態を再現してみたところ、エンケラドゥス内部の海底に90℃以上の熱水《ねっすい》環境《かんきょう》が存在しないと、ナノシリカは生《せい》成《せい》されないことが明らかになりました。地球の深海底には、海底下から300℃ほどの熱水が噴出する熱水噴《ふん》出孔《しゅつこう》があります。エンケラドゥスにもそれと同じような熱水環境が存在することが示されたことになります。

　その後のカッシーニからは、エンケ

ラドゥスの海に熱水環境が存在することがさらに裏づけられるデータが送られてきました。これらの結果から、エンケラドゥスは地球以外で初めて、液体の水、有機物、エネルギー（熱）という生命の存在に必要な3つの条件がそろった天体と判明したのです。今後、エンケラドゥスの探査が進めば、エンケラドゥスの海の中に生命が存在する確固たる証拠がつかめる可能性もあります。

しかも、生命の存在が期待されている天体はエンケラドゥスだけではありません。木星の衛星であるエウロパ、ガニメデ、カリストにも、表面の氷の下に海が存在すると考えられていて、そこに生命が存在する可能性があります。とくにエウロパは、ハッブル望遠鏡が表面から液体を噴出している様子を観測したという報告があり、エンケラドゥスと同じように氷の下に熱水環境があることが示唆されているので、期待が大きいです。そのほかにも土星の衛星タイタン、冥王星《めいおうせい》も有力な候補として挙げられています。NASAは、地球以外の天体に広がる海の世界を「オーシャン・ワールド」と名付けて、今後、継続的に探査をしていく計画を立てています。

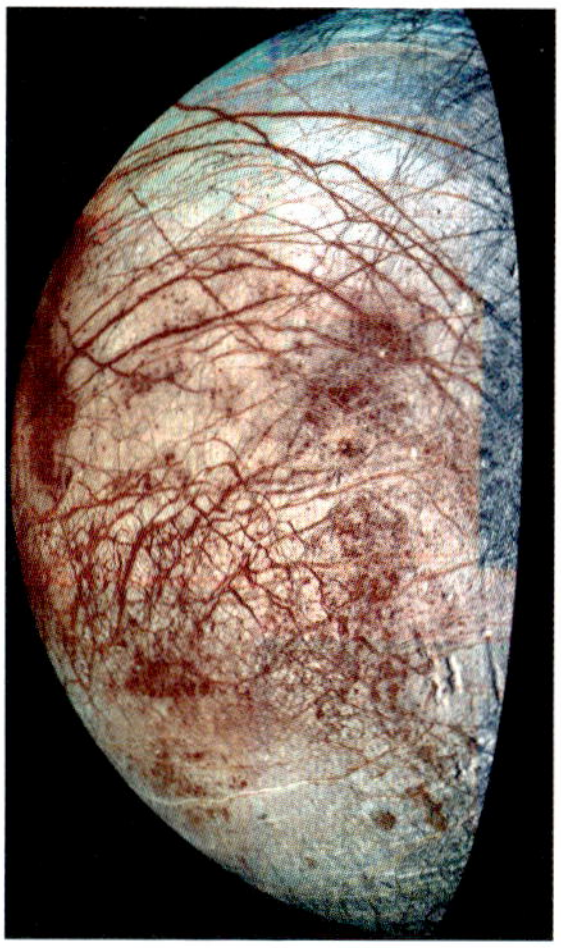

▲木星の衛星エウロパ　ガリレオ・ガリレイが発見した衛星の1つで、直径が約3200kmある。表面は氷で覆われているが、たくさんのひび割れがあり、エンケラドゥスのように内部には海があるのではないかと考えられている。ハッブル宇宙望遠鏡での観測で、表面から水が噴出する様子も報告されている。
（提供：NASA/JPL/University of Arizona）

キュリオシティの活躍

2012年8月に火星着陸したローバー、キュリオシティは、生命の痕跡《こんせき》を探すために火星表面を探査してきました。キュリオシティは総重量が900kgもあり、火星に着陸した最大の探査機です。2004年に着陸したスピリットとオポチュニティの重量は185kgなので、約5倍の重さです。

▲**キュリオシティの自撮り写真**　キュリオシティは、長いアームの先にカメラが設置されており、何枚かの画像を合成して自撮り写真がつくられる。自撮り写真は、火星でキュリオシティに異常がないかを地球のスタッフが確認するために使われている。（提供：NASA/JPL-Caltech/MSSS）

キュリオシティの正式名称は、マーズ・サイエンス・ラボラトリーといいます。直訳すると火星科学実験室といった感じでしょうか。その名前が示すように10種類もの観測・分析機器を搭載し、研究者に代わって火星の土壌や大気を分析しています。

キュリオシティが着陸したのは、火星の赤道付近に位置

◀キュリオシティはドリルも搭載しており、岩石を掘削してその成分を調査する。
(提供：NASA/JPL-Caltech/MSSS)

◀キュリオシティが火星で発見した鉄-ニッケル隕石　ゴルフボール大で暗灰色をしたつるつるの石は「エッグロック」と名付けられた。起源は小惑星の中心核と考えられている。
(提供：NASA/JPL-Caltech/MSSS)

する直径約１５４kmのゲール・クレーター。このクレーターは、30億年以上前に発生した小天体との衝突によってできたと考えられています。ゲール・クレーターには、湖の底に見られるような堆積層《たいせきそう》や、川の流れを示すような独特な模様などが見られ、かつてはクレーターの内側に液体の水が溜まり、湖だった時期があることがうかがえます。

　もし、火星に生命が存在していたとすれば、湖によってつくられた堆積層にその痕跡が残されている可能性があります。クレーターの中央には、

◀白い模様のようになっているのは、硝酸塩《しょうさんえん》とみられる堆積物。湖の主成分が硫酸《りゅうさん》となったことから、硝酸塩が沈殿し、堆積したとみられる。
(提供：NASA/JPL-Caltech/MSSS)

▲シャープ山の麓、パーランプの丘の様子　黒っぽい石がたくさん転がっている。
(提供：NASA/JPL-Caltech/MSSS)

底部から約5500mの高さのシャープ山があります。この山の麓《ふもと》の部分は、風による浸食によって、数十億年前に堆積層がむき出しになっています。この場所が生命探査の有力なポイントと考えられています。

2018年6月現在、キュリオシティはシャープ山での探査を進めています。シャープ山の堆積層を下から順番に調査することで、湖だったときの環境や気候などもわかってくるはずです。実は、周回機によるこれまでの探査から、シャープ山の上の方の地層は、水によって形成された堆積層ではないことがわかっています。上に乗っている別の地層は、風の影響でチリが集められたものか、火山活動によるものか

◀キュリオシティがとらえた水の証拠　画像には、水に流されることで角が丸く削られたような石があり、液体の水が流れていたことがうかがえる。（提供：NASA/JPL-Caltech/MSSS）

は、まだはっきりとしていません。キュリオシティがシャープ山の上の地層まで調査すれば、その地層がどのようにできたのかや、比較的新しい時代の火星の環境についての情報も得られるようになるでしょう。

　キュリオシティは、この6年ほどの間に、いくつもの発見をしてきました。ゲール・クレーターでは、水流の痕跡が記録された岩石や地層のほかに、河原の跡、泥岩《でいがん》などを発見し、過去にこの付近で液体の水が流れていた証拠をたくさん見つけています。また、硫酸塩《りゅうさんえん》が堆積した岩も見られ、湖が干上がる過程

▲むき出しになっているシャープ山の堆積層　堆積物は、クレーター内にできた湖の中で堆積したものと推測されている。　(提供：NASA/JPL-Caltech/MSSS)

▲キュリオシティがとらえたゲール・クレーターに沈む太陽　火星では、チリの影響で昼間は空が赤っぽくなるが、夕方は空が青っぽくなり、青い夕焼けが見える。
(提供：NASA/JPL-Caltech/MSSS/Texas A&M Univ.)

▶イエローナイフ湾から見たゲール・クレーター内部の様子　かつては湖だった時期があることが地形からうかがえる。
（提供：NASA/JPL-Caltech/MSSS）

◀シャープ山北側のベラ・ルービン・リッジでのキュリオシティ　キュリオシティの背後に見えているのがシャープ山。
（提供：NASA/JPL-Caltech/MSSS）

で水の成分が変化した可能性が浮かび上がってきました。

さらに、大気中からメタン、岩石からクロロベンゼンなどの有機物《ゆうきぶつ》を検出しました。火星で有機物の存在を確認したのは、キュリオシティが初めてです。また、２０１８年６月には30億年前にできた堆積岩の中から有機物を発見したという報告もあり、過去の火星生命についても手がかりを得ることができそうです。ただ、これらの有機物が生物に由来するものであるという証拠はまだつかめていません。今後、さらに多くの有機物を発見し、生命とのつながりが示されることや生命の痕跡が発見されることが期待されます。

はぎ取られる火星大気

現在の火星は、乾いた大地が広がっている荒涼とした世界に見えます。しかし、初期の火星は、温暖・湿潤な環境だったと考えられています。火星の環境変化の謎を解く鍵は大気にあるといいます。現在の火星の大気は地球の1％ほどしかなく、その大部分が二酸化炭素です。しかし、温暖・湿潤だったころの火星は、大気の量が多く、二酸化炭素の温室効果によって気温が高かったと考えられています。それでは、なぜ火星の大気は減ってしまったのでしょう。

その原因は太陽にあります。太陽は自ら光り輝くことで、熱と光を発しています。地球にたくさんの生物が暮らしているのは、太陽から届く熱と光のおかげでもあります。同時に、太陽からは高エネルギーの粒子からなる「太陽風《たいようふう》」も放出されています。以前から、

▲火星探査機メイブンのイメージ図　メイブンはおもに火星の大気を調査することを目的にしたNASAの探査機。名前（MAVEN）は「Mars Atmosphere and Volatile Evolution」（火星大気・揮発性物質探査）の略。（提供：NASA/GSFC）

この太陽風が火星から大気を奪ってしまった犯人ではないかと考えられていました。しかし、決定的な証拠はまだつかめていません。

2014年に打ち上げられた火星探査機メイブンは、太陽風が火星の大気を削り取る様子を初めて観測しました。2015年3月に太陽の表面で爆発現象が発生したときに、通常より密度が大きく速度の速い太陽風が放出され、火星の表面に直撃しました。その瞬間に、通常の10～50倍の火星大気が太陽と反対の方向に流出する現象をメイブンがとらえたのです。

初期の太陽では、爆発現象が今よりもたくさん起きていた可能性も高いので、太陽風が火星大気の消失に大きく関わっていることはよりはっきりとしてきました。この観測結果だけでは、火星大気が消えてしまったメカニズムは完全にはわかりませんが、これから観測を続けていくことで、その謎も明らかになっていくことでしょう。

▲太陽風が火星の大気をはぎ取る様子のイメージ図　かつての火星は厚い大気を持ち、液体の水が存在できるほど温暖であったと考えられている。
（提供：NASA/GSFC）

火星の地震測定に挑戦するインサイト

火星探査機は、火星と地球の接近に合わせて、おおよそ2年2か月に一度のタイミングで打ち上げられています。2018年年は5月5日に、アメリカから新しい火星探査機インサイトが打ち上げられました。これまで、火星にはたくさんの探査機が訪れて、いろいろな発見をしてきました。私たちの火星に対する知識は、昔とはくらべものにならないほど多くなりました。でも、そのほとんどが火星の表面に関するもので、火星の内部のことはほとんどわかっていません。

▲インサイトは、アトラスVロケットに搭載され、日本時間の5月5日20時5分にアメリカ・カリフォルニア州にあるヴァンデンバーグ空軍基地から打ち上げられた。
(提供：NASA/BILL INGALLS)

インサイトは、地震計《じしんけい》、熱流量計《ねつりゅうりょうけい》などを備え、これまで謎のままだった火星の内部の構造や活動の様子を明らかにしようとしています。天体での地震波の測定は、これまで地球と月でしか成功していません。インサイトが火星で地震波の測定に成功すれば、火星は地震波が測定された3つ目の天体となります。地球外の惑星に限れば、人類が初めて手にする観測データとなるのです。

実は、1970年代に実施されたバイキング計画でも、火

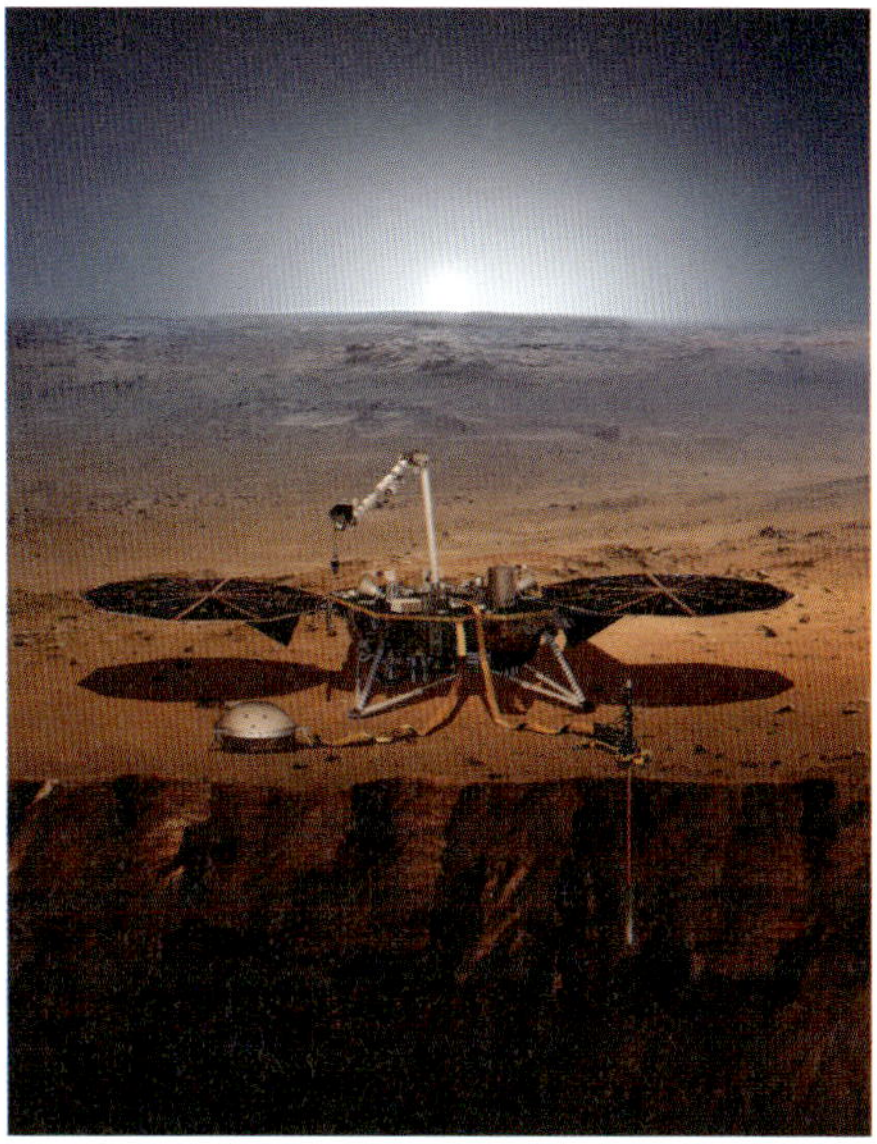

▶インサイトが火星に着陸するのは2018年11月27日ごろの見込み。2020年11月24日まで約2年にわたり、測定を続ける予定だ。
（提供：NASA/JPL-CALTECH）

星の地震波の観測が試みられました。このときは、探査機バイキング1号の上から地震波を測ろうとしたので、風の影響を強く受けてしまい、きちんとした測定をすることができませんでした。
　今回は、ロボットアームを使って地震計を地面に置いて測定する予定です。この地震計は原子の大きさくらいの微細な動きも検知することができるので、地震波の振動を観測することで、火星内部に液体の水があるかどうか、過去に起こった小天体の衝突《しょうとつ》や火山噴火の痕跡が残っているかどうかといったこともわかってくるといいます。インサイトの観測によって、火星内部の様子がわかってくれば、火星がどのように形成され、現在の姿になったのかを解き明かす重要な手がかりとなるでしょう。

2020年は探査機ラッシュ

火星に探査機を送るチャンスは限られているので、同じような時期に複数の国が火星探査機を打ち上げることもめずらしくありません。現在のところ、２０２０年には３つの探査機が打ち上げられる予定になっています。

１つ目は、アメリカのマーズ２０２０です。マーズ２０２０は、キュリオシティのような大型ローバーを着陸させ、生命探査をさらに深めていく予定です。マーズ２０２０ローバーは、過去に生命がいて、その痕跡がまだ残っていると思われる場所に行き、岩石や土壌などの分析から、過去に火星にいたはずの生命の痕跡、そのときの火星の環境を推定する材料などを探していきます。

マーズ２０２０ローバーは、岩石や土壌をその場

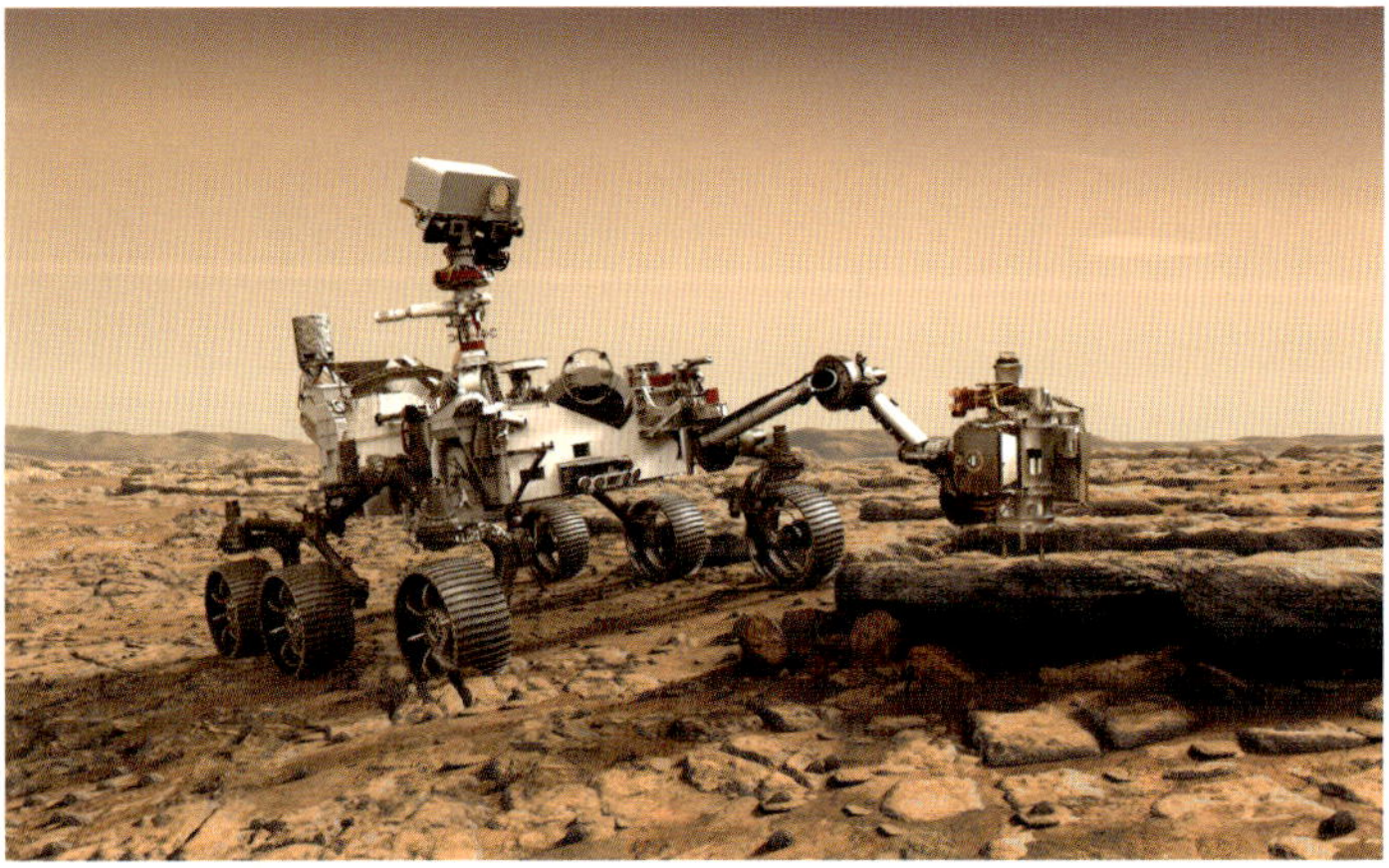

▲マーズ2020ローバーの想像図　23台のカメラとさまざまな分析装置を搭載し、火星生命の痕跡をとらえるための探査を行なう。（提供：NASA/JPL-Caltech）

で分析するだけでなく、そのサンプルを試験管のような容器に密封し、火星上に置いておくそうです。ただ置いておくだけではあまり役に立たないように思いますが、これはマーズ２０２０に続く将来計画のための準備となります。アメリカが最終的に達成したいのは、火星の岩石などのサンプルを地球に持ち帰る「火星サンプルリターン」です。

マーズ２０２０が実施されたあとには、このと

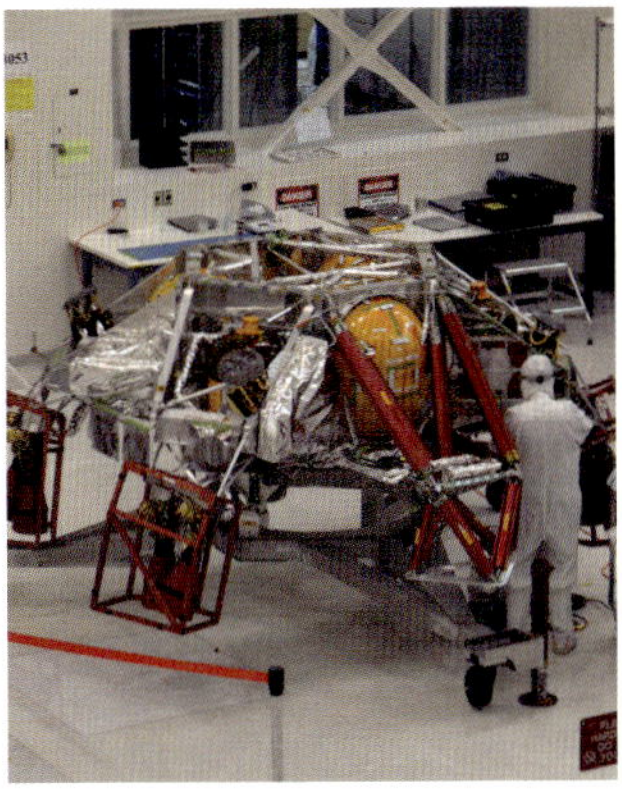

▲マーズ2020で使用される下降ステージの開発風景　ローバーを着地させるのに使用される。
（提供：NASA/JPL-Caltech）

▲マーズ2020計画の中で飛ばされる予定のヘリコプター型ドローン　大気圧が地球の100分の1以下の火星で飛ばすために、通常のヘリコプターの10倍のスピードでブレードを回す機体を開発している。（提供：NASA/JPL-Caltech）

きに準備した火星サンプルを持ち帰るための周回機と、その周回機にサンプルを送るためのローバー、ロケットを打ち上げる計画が検討されています。これらの計画はまだ正式には決定していませんが、実施されれば、火星からのロケット打ち上げも含まれる史上初のミッションとなるでしょう。もし、火星サンプルリターンが成功すれば、有人火星探査につながる貴重な知見をもたらすはずです。

さらにマーズ2020では、火星で初めてのヘリコプター型ドローンの運用も予定されています。火星の地表を低い位置から俯瞰《ふかん》することで、新たな地形などを発見できるかもしれないと期待されています。

2020年に打ち上げられる予定の2つ目の探査機は、ヨーロッパとロシアで共同

▲エクソマーズ2020　このローバーには地下2mの深さまで掘削できるドリルが搭載される。これまであまり探査されてこなかった地下の物質を採取、分析し、生命の痕跡を探る。(提供：ESA)

運用されるエクソマーズ２０２０です。ヨーロッパとロシアは、２０１６年にエクソマーズの第1弾として周回機とランダーを打ち上げました。周回機は火星軌道に無事投入することができたのですが、ランダーの着陸には失敗してしまいました。エクソマーズ２０２０は、ローバーを着陸させて火星表面を探査する予定になっています。エクソマーズ・ランダーの雪辱《せつじょく》をはたすことができるか、注目されています。

そして、３つ目はアラブ首長国連邦（ＵＡＥ）の火星探査機アル・アマルです。ＵＡＥは建国50周年にあたる２０２1年にその記念も兼ね、アル・アマルを火星の周回軌道《きどう》に送りこみ、最先端の火星探査ミッションを実施する計画です。アル・アマルの打ち上げは、三菱重工が受注し、ＨⅡ-Ａロケットで打ち上げられる予定となっています。

また、中国も２０２０年代に火星探査を計画しているようですが、その詳細はまだよくわかっていません。

▲火星探査機アル・アマルのイメージ図（提供：UAE Space Agency）

日本が準備を進めるMMX計画

日本は2024年の実施に向けて、探査計画を準備しています。ただし、探査の目標となる天体は火星ではありません。MMX（Martian Moons eXploration：火星衛星探査計画）と付けられた計画名からもわかるように、火星の衛星であるフォボスとダイモスをターゲットにしています。

それにしても、なぜ火星そのものではなく、火星の衛星なのでしょうか。火星にはすでにたくさんの探査機が送り込まれているので、まだあまり知られていない火星の衛星にねらいを定めたのでしょうか。実は、この計画は火星とはあまり関係のない流れから提案されています。

MMXを主導するのは、JAXA宇宙科学研究所（ISAS）。小惑星探査機「はやぶさ」により小惑星イトカワのサンプルを地球に無事に持ち帰ったという輝かしい経歴があり、後継機の「はやぶさ2」が2018年6月27日に小惑星リュウグウの高度20kmに到達し、探査を開始します。「はやぶさ」も「はやぶさ2」も、太陽系の起源と進化、そして生命の原材料物質の解明を大きな目標にしています。とくに、「はやぶさ2」の探査対象である小惑星リュウグウは、炭素、有機化合物、水など、生命をつくるのに必要な材料がそろっているC型小惑星です。「はやぶさ2」が、リュウグウを詳しく探査し、サンプルを地球に持ち帰ることで、初期のころの太陽系の様子や、地球生命がどのように誕生したのかといった謎を解き明かすための大きな手がかりが得られると期待されています。

▲火星の衛星を探査する日本の探査プロジェクト「MMX」探査機のイメージ図 2つの衛星のうちの1つ、フォボスからのサンプルリターンを目指す。（提供：JAXA）

▶小型で高性能な電気推進式輸送機による深宇宙ミッションDESTINYのイメージ図　DESTINYはISASが推進する小型科学衛星プログラムに提案中のプロジェクト。現在はDESTINY＋として2022年の打上げを目指している。
（提供：JAXA）

さらに、ISASは、DESTINY+（深宇宙探査技術実証機）計画も予定しています。このミッションでは、ふたご座流星群の母天体である小惑星フェイトンの探査をし、惑星間のダスト分布なども調べる予定です。地球には1年間に4万トンものダストが宇宙からやってきます。このダストの中にはたくさんの炭素や有機物が含まれていることから、地球生命の材料になったのではないかとも考えられています。DESTINY+の探査では、生命の起源の謎に迫っていく予定です。

これらのミッションからもわかるように、太陽系や生命の起源と進化に迫る研究は、以前からISASが力を入れてきたテーマで、MMXもその一環として計画されたものなのです。地球などの岩石型惑星に生命の材料を供給したのは、小惑星や彗星のような太陽系の辺縁などからやってきた小天体です。火星がどのようにして2つの衛星を得たのかは、まだよくわかっていませんが、現在のところ、2つの説が考えられています。

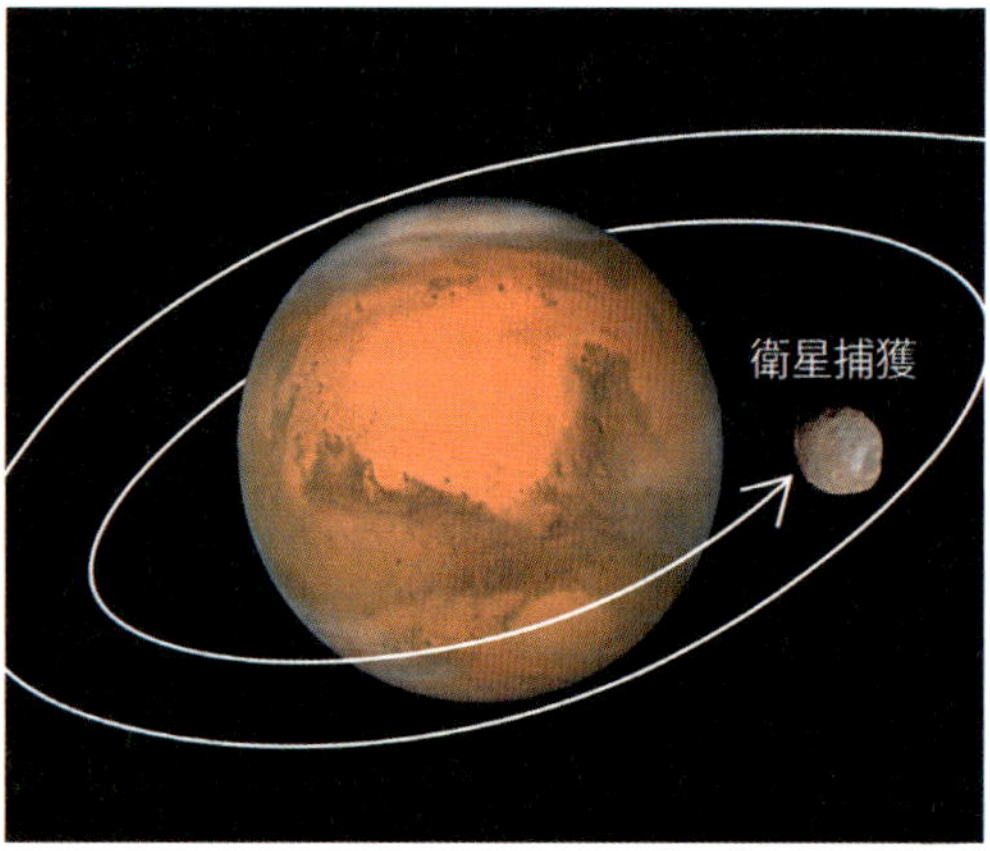

▶火星の衛星の起源「捕獲説」 もともと太陽系の外側で形成された小惑星が、火星の重力によって、火星の周回軌道を回るようになったという説。ただし、この説では、フォボスとダイモスの軌道が円に近い理由が説明できない。
（提供：東京工業大学地球生命研究所・黒川宏之）

一つは、もともと太陽系の外側で形成された小惑星が、火星の重力によって火星の周回軌道を回るようになったという衛星《えいせい》捕獲《ほかく》説。そして、もう一つは、火星に大型の小惑星が衝突し、その結果、火星周辺に散乱した破片が集まり、2つの衛星ができたという巨大《きょだい》衝突《しょうとつ》説です。どちらも決め手に欠ける状態ですが、遠くからやってきた小惑星が関係しているという点は共通しています。

ＭＭＸは大きな目標の一つに、2つの衛星の起源を明らかにするということがありますが、その起源を知ることで、初期の太陽系でどのように物質が移動したのか、そして、それらの物質がどのように岩石惑星に供給されて現在に至ったのかといった謎を解き明かすための大きなヒントが得られるでしょう。さらに、地球生命誕生の謎にも迫ることができるかもしれません。

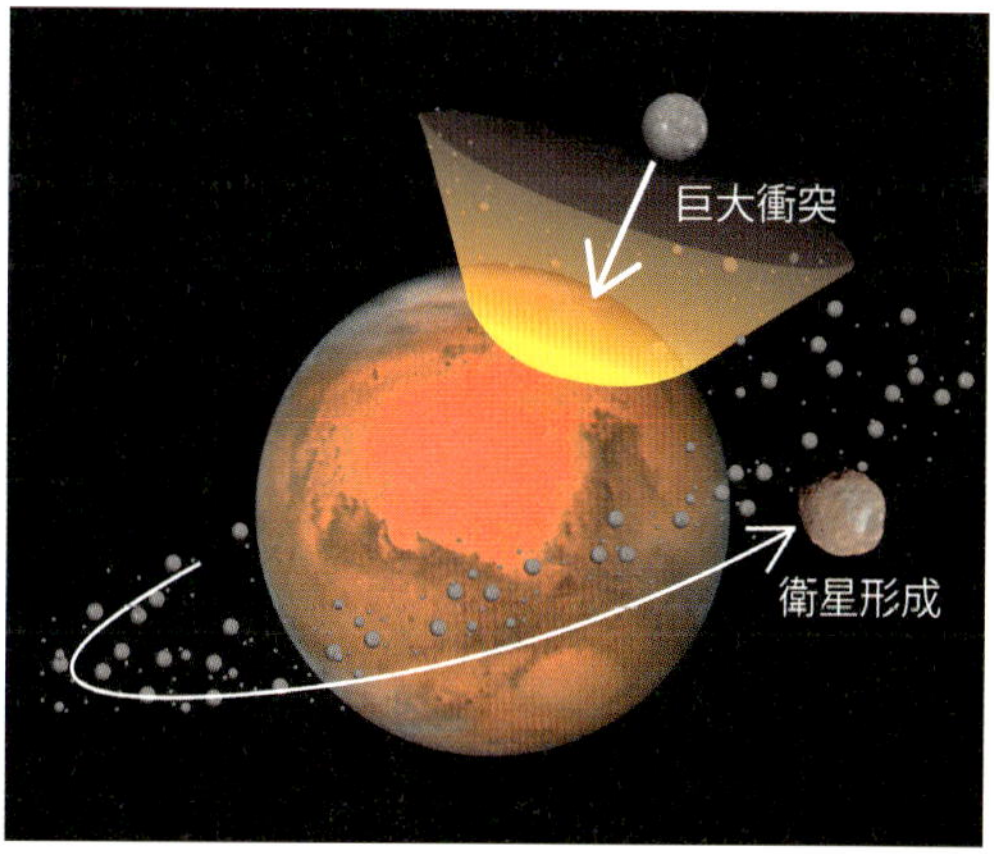

▶火星の衛星の起源「巨大衝突説」 火星に大型の小惑星が衝突し、その結果、火星周辺に散乱した破片が集まり、2つの衛星ができたという説。実際に火星表面には大型天体が衝突した跡と見られる地形があるのだが、これまでの観測結果とは矛盾があるのが課題。
（提供：東京工業大学地球生命研究所・黒川宏之）

フォボスのサンプルリターンを目指して

ＭＭＸは現在、探査機の概念設計や新しい技術の試作や評価をしながら、詳細な計画を詰めています。ＭＭＸは、火星の第1衛星であるフォボスの周回軌道に入り、そのサンプルを持ち帰るサンプルリターンを大きな目標に掲げています。現在のところ、打上げから地球への帰還までを5年で行なう予定になっています。

順調にいけば、２０１９年度から探査機の開発に取りかかり、２０２４年の夏から秋にかけて打ち上げることになります。そして、約1年かけて火星圏《かせいけん》に到着し、火星の周回軌道からフォボスの周回軌道へと移動していきます。

フォボスの周回軌道には2年半ほど滞在する予定で、まずはフォボスから１００㎞ほど離れた場所で、地形、重力、表面の組成など、フォボスのデータを収集します。そして、安全を確認してから高度を下げ、フォボスの詳しい地形や表面の組成などを観測し、着陸場所を選定します。

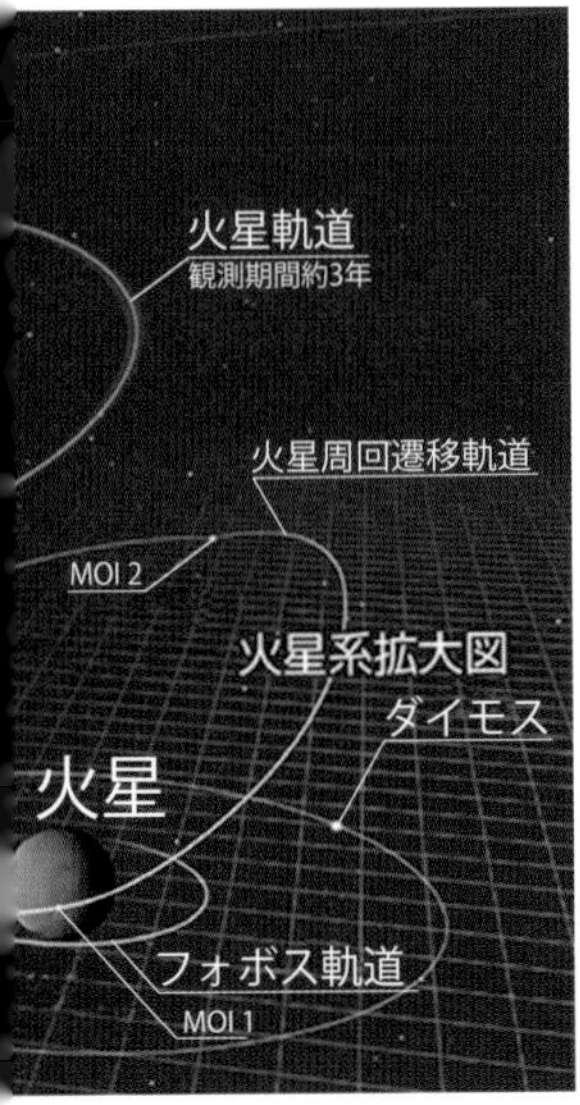

フォボスへの着陸は到着から1年半後に実

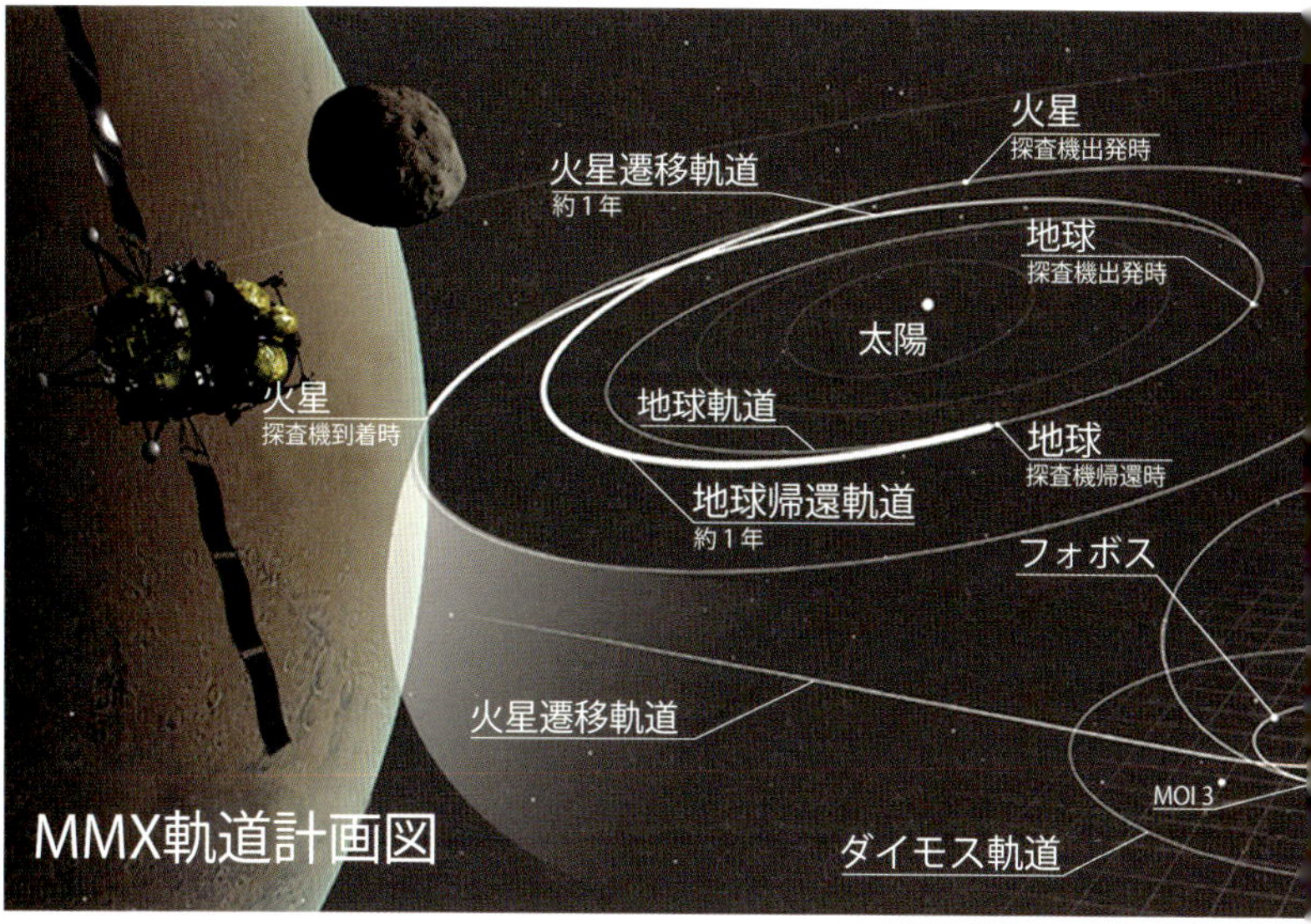

▲**MMXミッションシナリオ**　MMXは、地球から打ち上げられると1年ほどかけて火星圏に到着し、フォボスの近くを飛行する軌道に入り、フォボスの表面を詳しく分析していく。フォボス近傍に滞在している間に、表面への着陸とサンプル採取を試みる。サンプル採取では、ロボットアームでサンプラーを動かして、よい位置を探るという。火星周辺から離脱するときに、ダイモスとフライバイをし、ダイモスの近傍観測をする。(提供：JAXA)

施する予定です。このとき、火星と地球が接近するので、探査機と地球も近くなります。距離が近いと通信の遅延時間も短くなるため、危険で繊細な操作が求められる着陸運用がよりしやすい状態になります。そして、着陸と同時に、サンプラホーンでフォボスのサンプルを最大で10g採取するという目標を立てています。「はやぶさ2」ではサンプル採取の目標は100mgなので、それとくらべると、MMXがいかに大量のサンプルを採取しようとしているのがわかるでしょう。

MMXでは、着陸、サンプル

採取、離陸までの一連の流れを3時間ほどで完了するように手順を組むといいます。なぜなら、フォボスの自転周期は7時間ほどで、昼間の時間は3時間くらいしかないからです。昼と夜の変わり目や夜の時間帯に天体に着陸していると、故障や不具合を起こすリスクが高くなってしまうので、より安全な昼のうちにすべての作業を終えて、衛星から離陸する計画になっているのです。

そして、フォボスの探査が終わると、探査機はフォボスの周回軌道を離れ、火星の周回軌道に入り、地球帰還の準備をします。MMXでは今のところ、フォボスの探査を中心に計画を練っています。ダイモスは火星近傍にいる間に何度かすれ違うことになるので、その際に、フライバイ探査をする予定です。そして、探査機は2028年に火星の軌道を離れ、2029年に地球に帰ってくることになっています。

火星に一番近い天体であるフォボスの表面には、火星に小天体が衝突した際に舞い上がったチリが積もっている可能性があります。これまでの歴史の中で、小天体は火星のいろいろな場所に衝突しているので、フォボスのサンプルを分析することで、火星全体の平均的なサンプルも同時に手にすることができるかもしれません。アメリカがこれから実施しようとしている火星のサンプルリターンミッションのデータと合わせることで、火星の成り立ちがよりよく理解できるようになるでしょう。

MMXのプロジェクトマネージャーを務めるJAXAの川勝康弘さんは、「火星衛星の周回軌道投入、フォボスへの着陸、フォボスのサンプルリターンのどれをとっても人類初の試みです。MMXはすでにフランス国立宇宙研究センターやNASAとの国際協力ミッションとなっていて、観測機器の一部をそれぞれの機関で作ることになっています。現在の計画どおりに2024年に打ち上げ、複雑な運用を計画どおりに完了するだけでもすごいことだと思っているので、それをしっかりとやっていきたいと考えています」と語ります。

そして、MMXのサイエンス・リーダーである北海道大学の倉本圭さんは、「太陽系の岩石型惑星の中で、衛星を持っているのは地球と火星だけです。地球も、なぜ月ができたのかは未だに謎の部分があります。MMXで火星衛星の起源がわかってくると、初期の太陽系の中で起きた出来事がより詳しく理解できるようになるでしょう。すると、それぞれの惑星で起きたことの共通性や違いも明確になります。また、地球と火星には生命が居住できる可能性があるという共通点もあります。火星衛星には、火星本体からは消失してしまった45億年前の物質が残っている可能性がとても高いです。MMXで持ち帰ったサンプルから、初期の火星の様子もわかってくるのではないかと考えています」と、大きな期待を寄せています。

探査機の開発には、10年以上の時間がかかります。つまり、探査機に搭載された観測や分析の技術は、実際に使うときには10年くらい前の技術となります。しかし、サンプルを地球に持ち帰れば、現在の技術で分析することができます。さらには未来の技術を利用することもできるのです。たとえば、40年以上前にアポロ計画で持ち帰った月の石は、現在の最新技術で分析し直すことで、今でも新たな発見をもたらします。そういう意味で、サンプルリターンは未来への贈り物でもあるのです。MMXはどんな贈り物を持ち帰ってくるのか、今から楽しみにしていましょう。

有人火星探査の実現に向けて

SF映画では、宇宙を舞台にした作品がたくさん作られていて、それらの作品を見ると、将来、人類が宇宙で活躍する夢がかきたてられます。現在は、国際宇宙ステーションに常時6名以上の人が滞在するようになり、宇宙での生活を経験した人は増えてきました。しかし、実際に人類が到達した最遠記録は、地球から約38万km離れた月までです。しかも、アメリカのアポロ計画以降、40年以上誰も訪れていません。

火星探査は過去に何度か構想が語られてきました。たとえば1989年に、当時のアメリカ大統領であったジョージ・H・W・ブッシュ氏が有人火星探査の検討を宣言しています。また、2004年に発表されたアメリカの宇宙探査計

▲次世代ロケットSLSのイメージ図　初号機は全長98mで、宇宙機の搭載能力は70tだが、将来的には搭載能力を130tまで増強させる。初号機の打上げは2019年12月に予定されているが、開発状況によっては2020年6月にずれ込む可能性もある。（提供：NASA/MSFC）

▲火星での有人活動のイメージ図　火星は地球に比べて生物が生きていくのにはとても厳しい環境。初期の有人火星探査は、火星で人が活動できる場所をどのように拡大していくかが鍵となる。（提供：NASA）

画では、有人火星探査も視野に入れた有人月探査計画が構想されていました。しかし、どちらも経済的な理由などにより、実現しませんでした。

このまま有人宇宙探査は縮小してしまうのかと思われていた矢先の２０１６年に、当時のアメリカ大統領だったバラク・オバマ氏が「２０３０年までにアメリカ人を火星に送り、安全に地球に帰還させること」を目標に打ち立て、有人火星探査への期待感がにわかに盛り上がってきました。このときの計画では、長期的な目標として、火星での長期滞在もあげています。

オバマ氏の構想は、ドナルド・トランプ大統領の就任によって修正され、ルナ・オービタル・プラットフォーム・ゲートウェイ計画へと変更されました。この計画では、まず月の周回軌道に宇宙ステーションを建設し、そこを起点にして有人の月探査と火星探査に乗りだしていくことになります。まずは、月探査で有人探査の経験を積み上げて、将来の有人火星探査につなげようというね

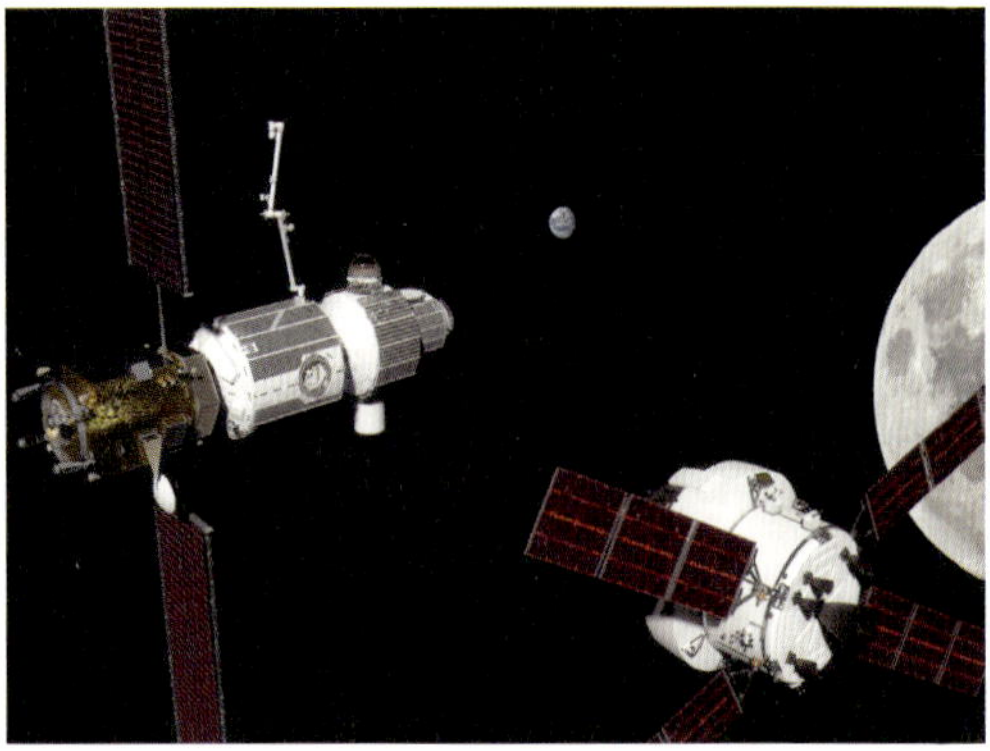

▶ルナ・オービタル・プラットフォーム・ゲートウェイ計画のイメージ図　月の周回軌道上に巨大な宇宙ステーションを建設し、新たな有人宇宙探査の前線基地にする目標を立てている。当面の目標は月探査だが、将来はこの宇宙ステーションから火星行きの宇宙船が出発するかもしれない。（提供：NASA）

らいがあります。

深宇宙探査ゲートウェイ計画では、現在、開発が進められている新型ロケットSLS（Space Launch System）とオリオン宇宙船がデビューする予定です。最初のフライトでは、無人のオリオンをSLSで打ち上げて、月まで往復する実証実験となります

その後、月を極方向に回る特殊な楕円軌道上に巨大宇宙ステーションを建設し、月周回宇宙ステーションから月着陸船を降下させ、有人月探査を実施します。さらに、月周回宇宙ステーションとドッキングする深宇宙輸送機を打ち上げ、ここを火星探査の出発点にしようとしています。現在のところ、2030年代には有人火星探査を実現する予定になっています。将来的には、火星の周回軌道上にも大型の宇宙ステーションを建設し、月と火星の宇宙ステーション間で、深宇宙輸送機を往復させる計画も考えているようです。

現在の技術では、火星に行くには2年2か月に一度という制約があります。もちろん、火星から地球に帰るのも同じような

▲宇宙船オリオンのイメージ図　ルナ・オービタル・プラットフォーム・ゲートウェイ計画に向けてSLSとともに開発されている。2014年12月に実施された試験飛行では、地球の周りを2周し、地球から5800kmの距離まで到達した。2019年には無人で月までの往復飛行が予定されている。（提供：NASA）

タイミングになります。火星はもっとも近付くときでも地球から8000万kmもの距離があり、行くだけでも1年くらいかかります。有人火星探査は、地球を出発してから再び地球にもどってくるまで最低でも3年はかかります。その間、重力の小さな閉鎖環境での生活が多くなりますので、宇宙飛行士の心身の健康をどのように維持するかの方策も必要になります。火星の大地に基地を建設するのであれば、そのための資材を運べるような大型の宇宙船を開発することが不可欠です。有人火星探査を実現するには、このほかにもたくさんの課題をクリアしなければなりませんが、1つ1つ乗り越えていくことで、夢物語から少しずつ現実味を帯びた計画に成長していくことでしょう。

民間企業が火星移住を実現させる？

ここ数年、有人火星探査とともに注目を集めているのが火星移住計画です。宇宙開発は長い間、国の機関が中心となって進めてきました。しかし最近、その構図に変化が起きていて、宇宙開発に民間企業が参入するようになりました。

たとえばアメリカでは、国際宇宙ステーション（ＩＳＳ）への物資の輸送サービスをスペースＸ社の補給船ドラゴンとオービタルＡＴＫ社の補給船シグナスが担っています。さらに、スペースシャトルの引退以来、ＩＳＳまで宇宙飛行士を送り届けるのはロシアのソユーズの役割になっていますが、アメリカは新しい有人宇宙船の開発をスペースＸ社とボーイング社の2社に委託しています。

これを受けてスペースＸ社はクルー・ドラゴン、ボーイング社はスターライナーという有人宇宙船の開発を進めています。これらの宇宙船が完成すれば、スペースシャトル以降、途絶えていたアメリカからＩＳＳへの宇宙飛行士の輸送も再開しますし、民間企業による初めての有人宇宙飛行となります。

このほかにも、アメリカでは、巨大企業の一つであるアマゾンの創業者、ジェフ・ベゾス氏が創業したブルー・オリジン社など、１０００以上の宇宙ベンチャー企業が立ち上がっていて、さまざまな宇宙ビジネスが提案され、活気を帯びています。民間企業は、国の機関よりもコスト感覚が敏感で、

▶スペースX社が開発を進める有人宇宙船クルー・ドラゴン
完成すれば宇宙飛行士がISSと地球を往復する乗り物として利用される予定だ。クルー・ドラゴンは6人乗りで、宇宙飛行士以外に民間人を乗せる可能性もある。
（提供：Space X）

開発スピードも速いので、近い将来、宇宙開発の中で重要な役割を担うと期待されています。

そのような状況で、人類を火星に移住させる計画も提案されるようになりました。まず、オランダの非営利団体マーズ・ワンが火星に定住者を送り込むと発表して、注目を集めました。この計画の発表後、世界中から約20万人がこの計画に応募して、１００人ほどの候補者が選定されています。

このマーズ・ワンの計画は片道切符しか用意されていません。各国の宇宙機関が進めている有人宇宙開発は、基本的に地球にもどってくることが前提です。ところがマーズ・ワンの場合は、火星に行くことはできても、地球に帰ってくることはできません。参加者が安全に火星に行き、暮らすところまで保証しているわけでもなさそうなので、倫理的な問題も指摘されています。しかも、この計画を実行するための費用を調達できるかどうかわからない状況です。実際、当初、火星に人を送り込むのは２０２２年からといっていましたが、２０２６年に延期されたあと、２０３１年に再延期されました。この計画が今後、

▲2016年4月、ISSに拡張式の居住モジュールBEAMが取り付けられた。BEAMを提供したのが、民間宇宙企業のビゲロー・エアロスペース。ビゲロー・エアロスペースは、BEAMの技術をもとにした宇宙ホテルを開発し、2021年に打ち上げることを目指している。（提供：Bigelow Aerospace）

どのような結末を迎えるのか、注視していく必要があります。

そして、スペースＸ社のＣＥＯ（最高経営責任者）のイーロン・マスク氏は、２０１６年９月に、２０６０年代までに１００万人の人類を火星に移住させる計画を打ち出しました。最終的には１０００機の宇宙船が地球軌道上で待機し、２年２か月ごとにたくさんの人を火星に送り込むようになるそうです。

この話は40年以上先の将来構想なので、まだまだ現実感に乏しいように感じる人も多いでしょう。しかし計画実現に向けた一歩は、もうすでに踏み出されています。２０１８年２月に、スペースＸ社は大型ロケットのファルコン・ヘビー初号機の打上げに成功したのです。ファルコン・ヘビーは高さ70ｍと、現行機種のロケットの中で一番の大きさを誇ります。しかも、低軌道であれば63・8ｔもの大型衛星を打ち上げられる能力を持っていて、これも現行機種の中ではトップクラスです。

このファルコン・ヘビー初号機の打上げには、将来の火星移住計画を成功に導こうというイーロン・マスクの強い想いも込められていました。ファルコン・ヘビーに搭載されたのは、スペースＸ社と同じく、イーロン・マスク氏がCEOを務めるテスラ社が誇る電気自動車のスポーツカー「ロードスター」でした。このロードスターはイーロン・マスク氏の私物で、運転席には宇宙服を着たダミー人形の「スターマン」が座っていました。

ファルコン・ヘビーの打上げの様子はインターネットで中継され、スターマンが乗ったロードスターが青い地球を背にして、「宇宙を走る」様子が世界中に伝えられました。その様子を見た人は、「たくさんの人たちが気軽に宇宙に行ける新しい時代がもうすぐやってくるのだな」と肌で感じたはずです。ファルコン・ヘビーで打ち上げられたロードスターは地球を離れ、太陽を周回する楕円軌道に入りました。この軌道は、火星や地球の公転軌道を横切るので、タイミ

▲日本時間の2018年2月7日、アメリカ・フロリダ州のケネディ宇宙センターからスペースX社のファルコン・ヘビー初号機が打ち上げられた。このロケットはファルコン9のブースターを3機束ねたもので、今回はセンターブースター以外の2機のブースターが無事に回収された。(提供：Space X)

▲スペースX社のCEOであるイーロン・マスク氏は、2016年9月に火星に100万人の人類を送り込む火星移住計画を発表した。スペースX社は大型ロケットのBFRを開発することで、たくさんの人を安く火星まで運ぼうとしている。（提供:Space X）

ングがよければ火星に接近する可能性もあります。

今回のファルコン・ヘビーの成功を受け、スペースX社はより大型のビッグ・ファルコン・ロケット（BFR）の開発を加速させます。BFRは全長106mもある巨大なロケットで、宇宙船部分には100人ほどの搭乗が可能になるといいます。火星移住計画にはこのロケットが使用される予定になっています。イーロン・マスク氏は、早ければ2019年にもBFR宇宙船の短距離飛行試験を行なう可能性があると明かしました。

同社は、2022年には無人ロケットを打ち上げ、2024年には人を乗せて火星に送り込む計画を立てています。予定どおりに開発が進めば、人類初の有人火星探査はスペースX社が実施することになります。マスク氏の目論みどおりことが進めば、火星旅行や火星移住が一気に現実のものとなることでしょう。

第5章
火星の接近を見よう

各地の公開天文台や科学館、プラネタリウムなどのほか、天文同好会でのボランティアによる火星観望会では、望遠鏡を持っていない人でも火星の表面の様子を見るチャンスがあります。

▼軍神マーズの赤い輝き　おうし座の中で位置を変える火星の地球接近時の動きを合成で示したものです。火星の激しくもめまぐるしい奇妙な動きと、大きく明るさを変える赤い火星の不気味な輝きが、昔の人に荒ぶる軍神の姿のイメージを思い描かせたこともうなずけることでしょう。

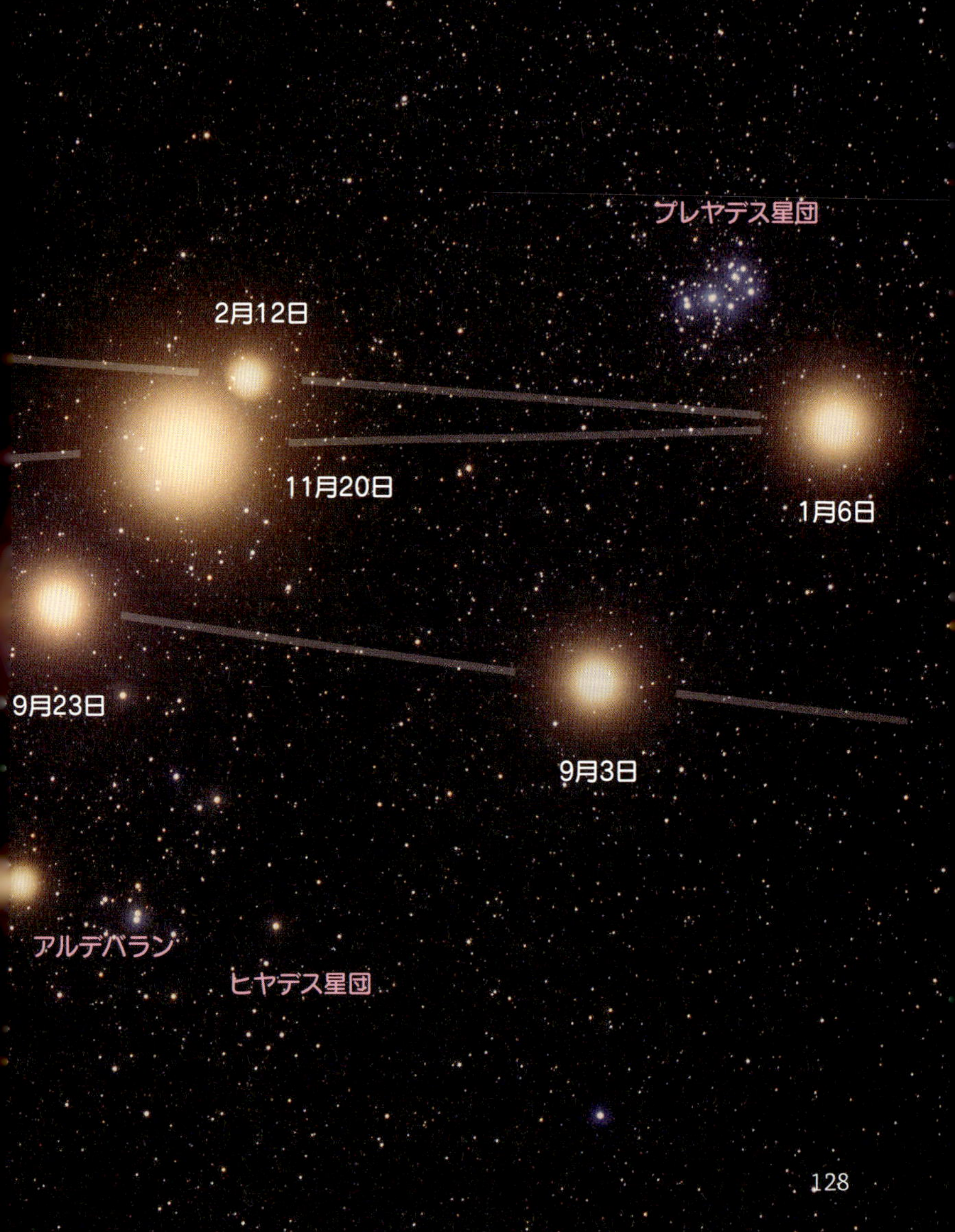

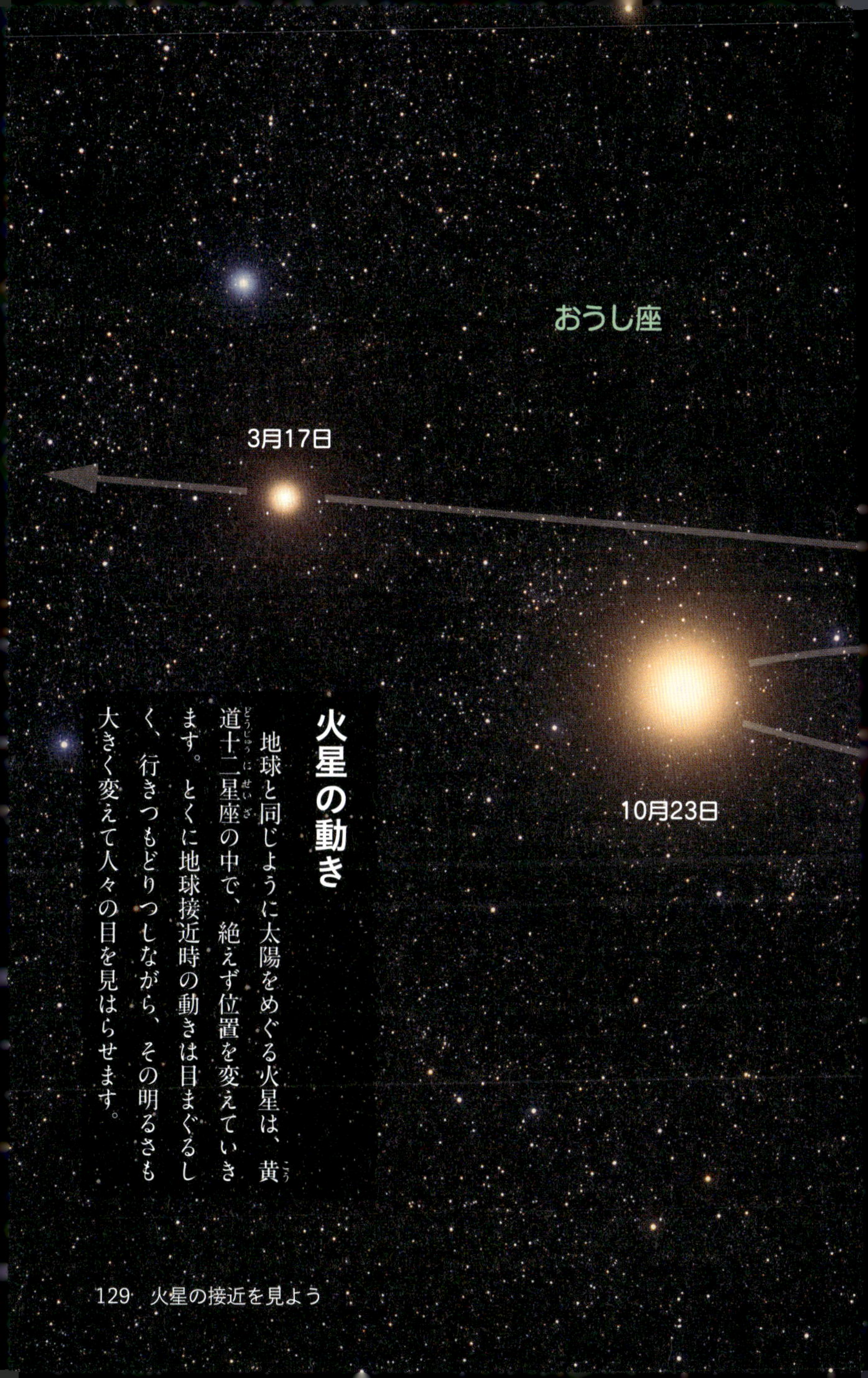

火星の動き

地球と同じように太陽をめぐる火星は、黄《こう》道十二星座《どうじゅうにせいざ》の中で、絶えず位置を変えていきます。とくに地球接近時の動きは目まぐるしく、行きつもどりつしながら、その明るさも大きく変えて人々の目を見はらせます。

黄道《こうどう》を移動する火星

星占いに登場する「黄道十二星座《こうどうじゅうにせいざ》」は、星空の太陽の通り道にある星座たちのことですが、太陽系をめぐる惑星《わくせい》たちもほぼ太陽の通り道にそって動いているため、太陽と同じ黄道星座の中を移動していくように見えることになります。つまり、惑星がたとえば北の空の北斗七星《ほくとしちせい》の近くに見えるようなことは絶対にないということです。

もちろん、火星もその例にもれず、黄道十二星座の中を移動していくように見え、2018年の大接近のころは、やぎ座の逆三角形のあたりに見えることになります。

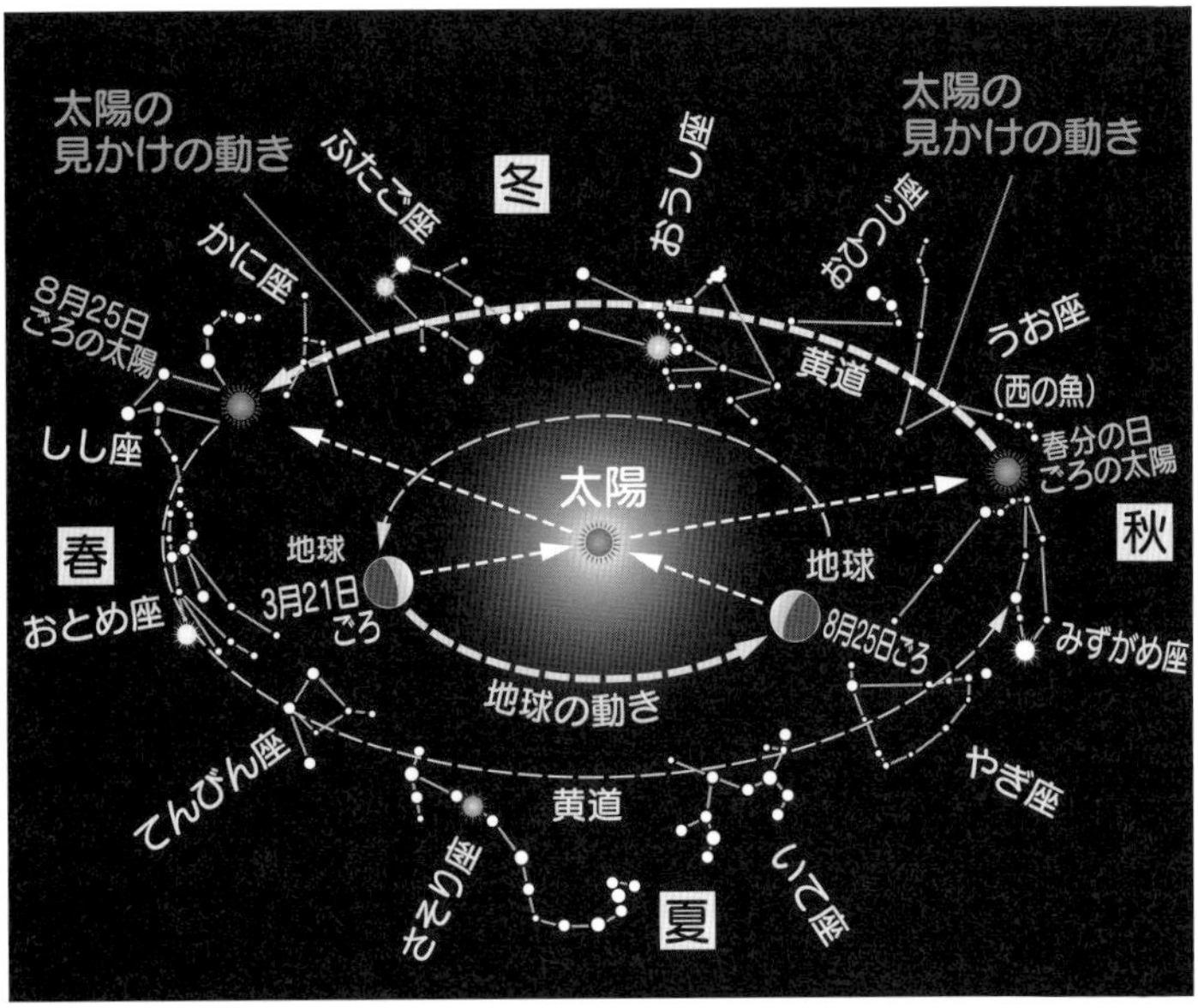

▲太陽が黄道星座の中を動いていくわけ

火星の星空での動き

地球も火星も太陽の周りを回る惑星です。このため、地球から火星を見ていると、火星が星座の中を行きつもどりつするように見えます。このとき地球と火星が同じ方向に動いているときには、火星の動きは西から東へと移動していくように見えます。これが「順行《じゅんこう》」とよばれる動きです。

やがて両者が接近して、地球が火星を追い越すころになると、火星の動きはちょっと複雑になります。順行から向きを変え、逆もどりするように動く「逆行《ぎゃっこう》」に転じるからです。この順行から逆行になるとき、一時的に動きが止まったように見えることがあり、このときを「留《りゅう》」とよんでいます。

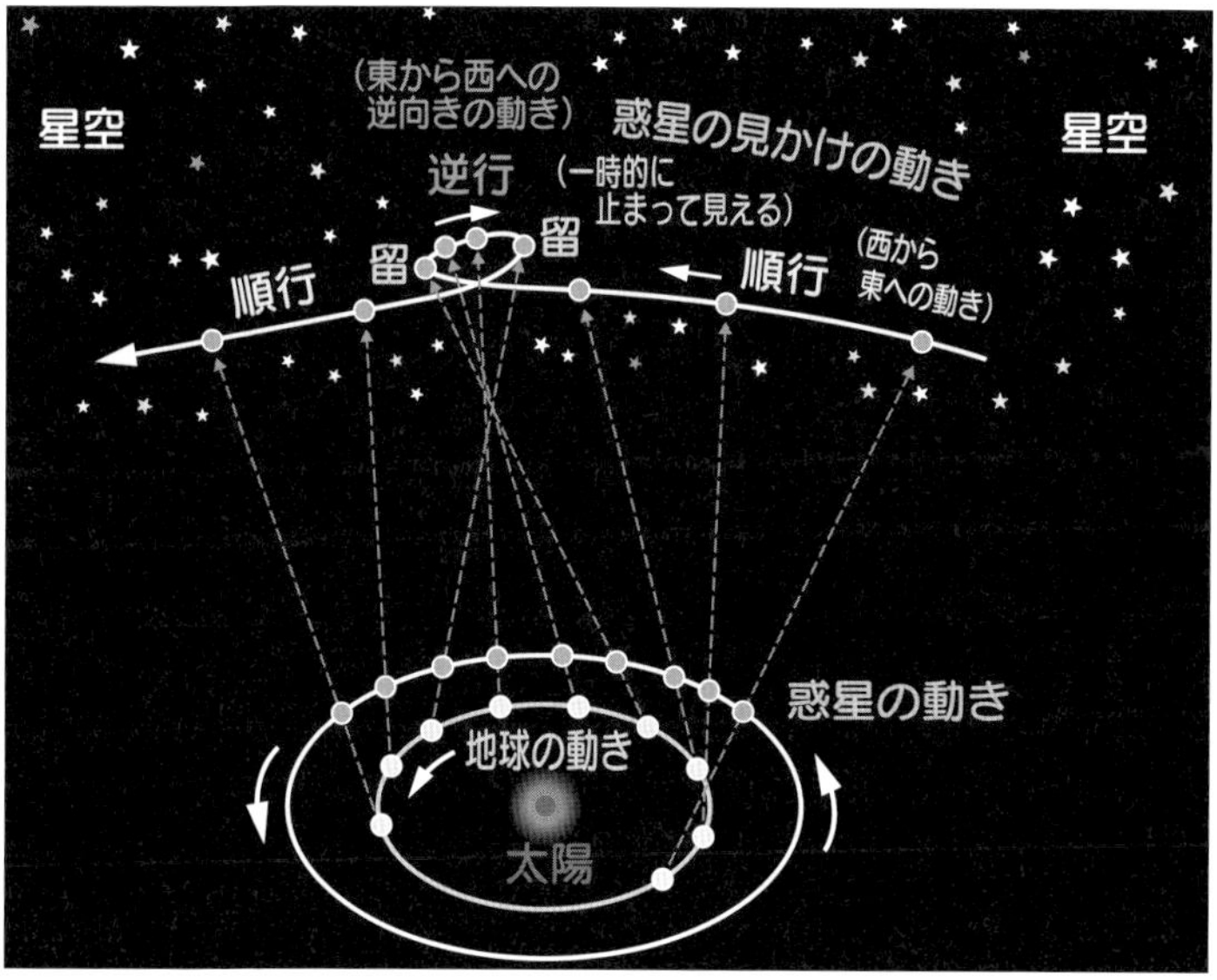

▲火星の星座の中での見かけの動き

2018年の火星大接近

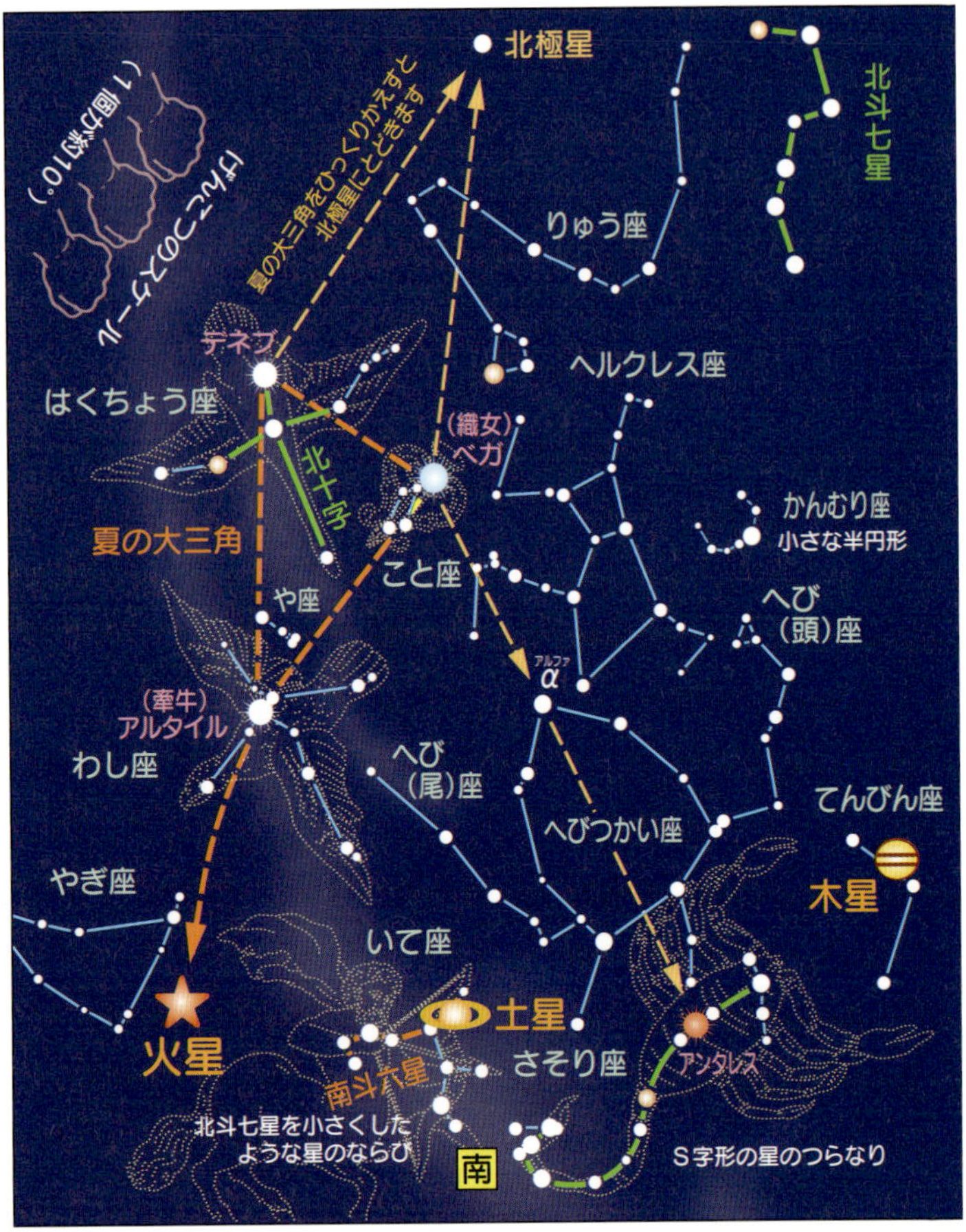

▲（上図）**夏の星座と火星の見つけ方**　夏の星座を見つける目じるしとしておなじみの「夏の大三角」の七夕の織女星《しょくじょせい》ベガと牽牛星《けんぎゅうせい》アルタイルの辺を延長したあたりに赤く輝く星が火星です。

◀（次ページ）**夏の星座たちと惑星たち**　てんびん座には木星が、いて座の天の川の中には土星が、そのすぐ左手よりのやぎ座には赤く輝く火星がいます。

きりん
北極星
おおぐま
ケフェウス
こぐま
カシオペヤ
北斗七星
とかげ
りゅう
はくちょう
りょうけん
うしかい
デネブ
こと
(織女)
ベガ
かんむり
夏の大三角
ヘルクレス
こぎつね
アルクトゥルス
いるか
や
へび
(頭)
こうま
アルタイル
(牽牛)
てんびん
天の赤道
へび
(尾)
わし
へびつかい
やぎ
木星
たて
火星
黄道
土星
アンタレス
南斗六星
さそり
いて
ケンタウ
おおかみ
けんびきょう
みなみの
かんむり
南

火星を見つけよう

火星は、およそ2年2か月ごとに地球との接近を繰り返します。しかし、火星の軌《き》道《どう》がいびつなため、接近ごとにその距離が変わり、大接近のこともあれば、小接近のこともあります。2018年7月31日の接近は、そのうちでも15年ぶりの「大接近」で、火星の見かけの大きさが大きく、口径《こうけい》の小さな望遠鏡でも表面の様子を見ることができます。

もちろん、目で見る赤い火星の輝きもひときわ明るく「スーパーマーズ」とよばれるにふさわしく、都会の夜空でも目を引くことでしょう。大接近のころは、木星以上の明るさです。

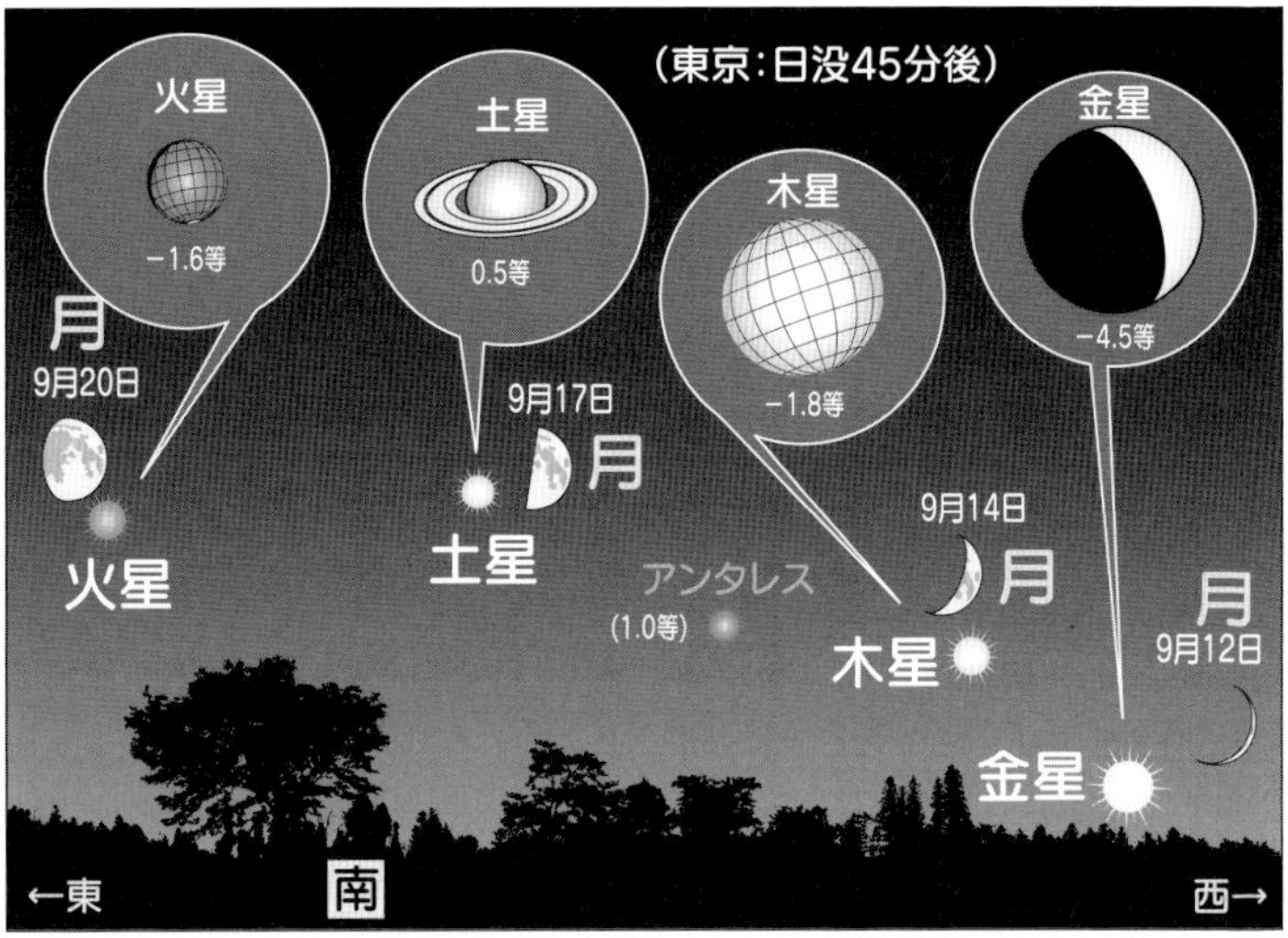

▲宵の南の空に並ぶ惑星たち　2018年の夏休みの宵の空にずらり一列に並んだ惑星たちの姿を望遠鏡で見ると、それぞれに個性的な姿を見ることができます。肉眼では真っ赤な火星の輝きが印象的です。

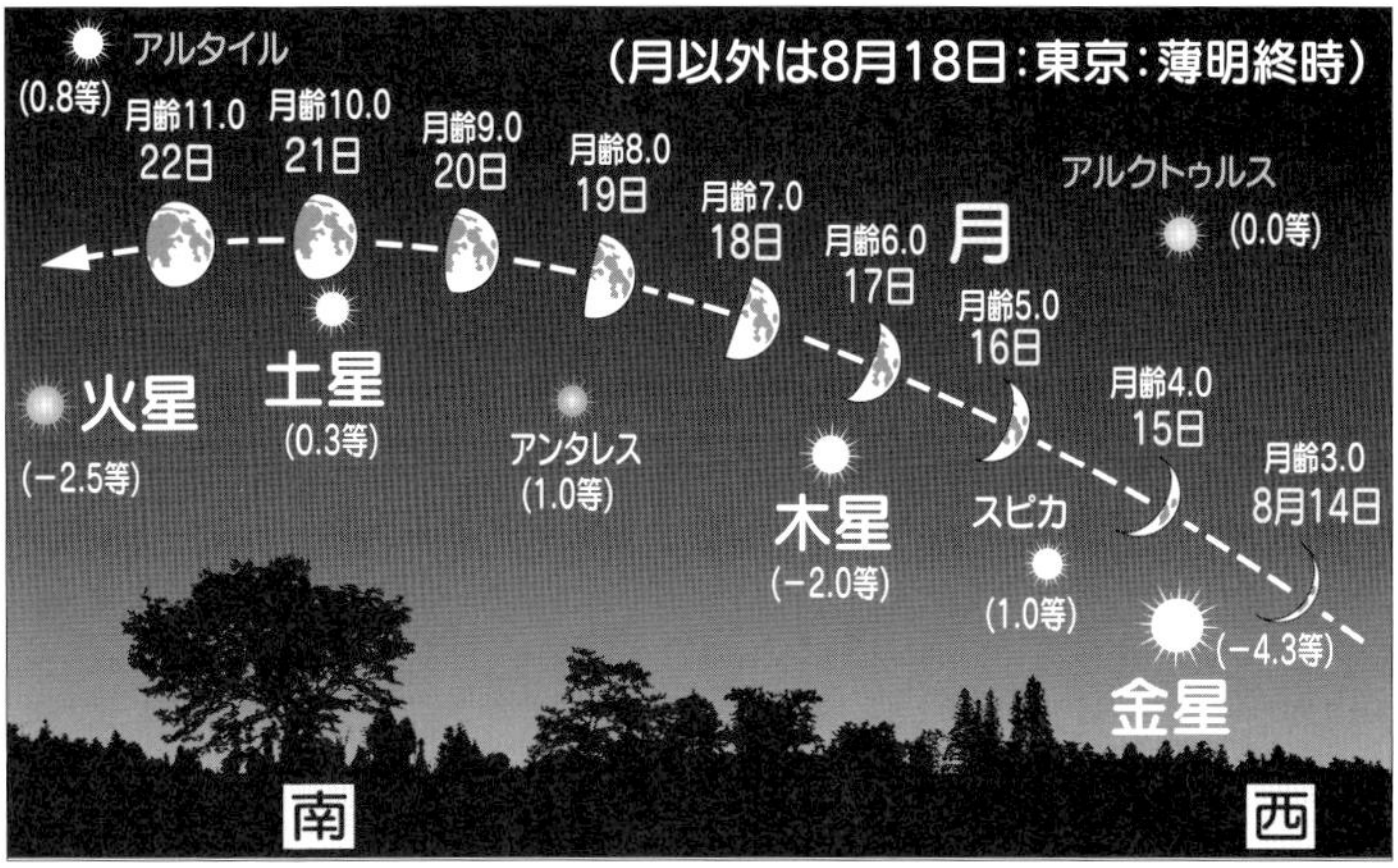

▲**2018年8月の月と惑星たちの接近**　惑星たちの近くに月がやってきて並ぶと、ひときわ印象的な光景となって目を楽しませてくれます。双眼鏡があれば月面のクレーターなども見ることができます。

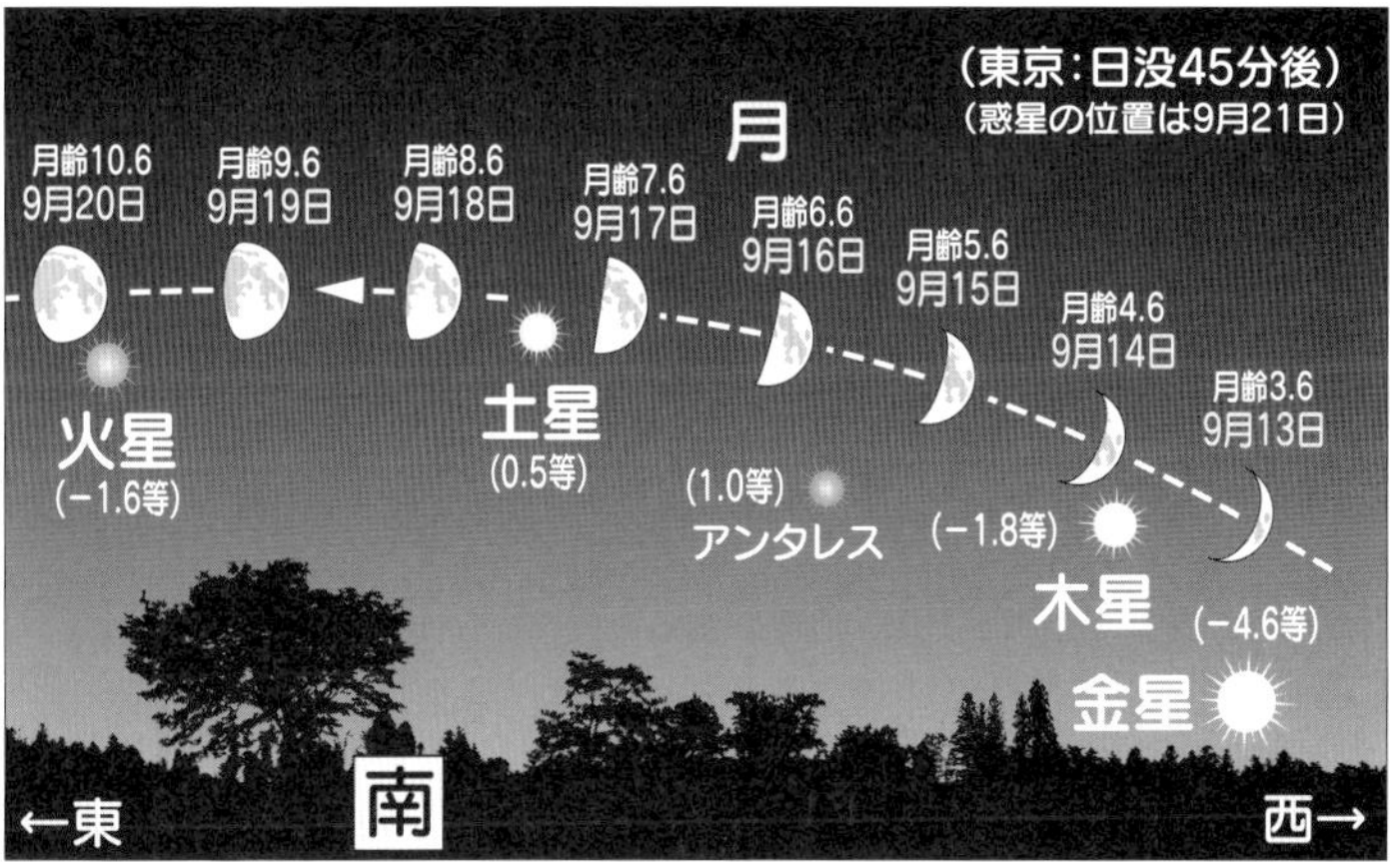

▲**2018年9月の月と惑星たちの接近**　まだ夕焼けの残るころの星空の様子です。惑星も月も明るいので、星座の星たちが見え始める前のころから肉眼ではっきり見ることができます。早い時刻のうちから注目してください。

2018年の火星の動き

2003年の火星の大接近は、6万年ぶりの超大接近というので大きな話題になりましたが、2018年7月31日の接近もそれに近い「大接近」で、火星の明るさはマイマス2.8等のすばらしさとなって輝いて見えます。これは1等星のざっと33倍もの明るさですから、東京や大阪のような大都会の夜空でさえ、不気味な赤い火星の輝きを肉眼《にくがん》ではっきり見ることができます。火星は明るさを変えながら、星座の中を移動していきますが、2018年の年内は、ほぼやぎ座の中に見えていますが、終わりのころにはみずがめ座へと移っていきます。

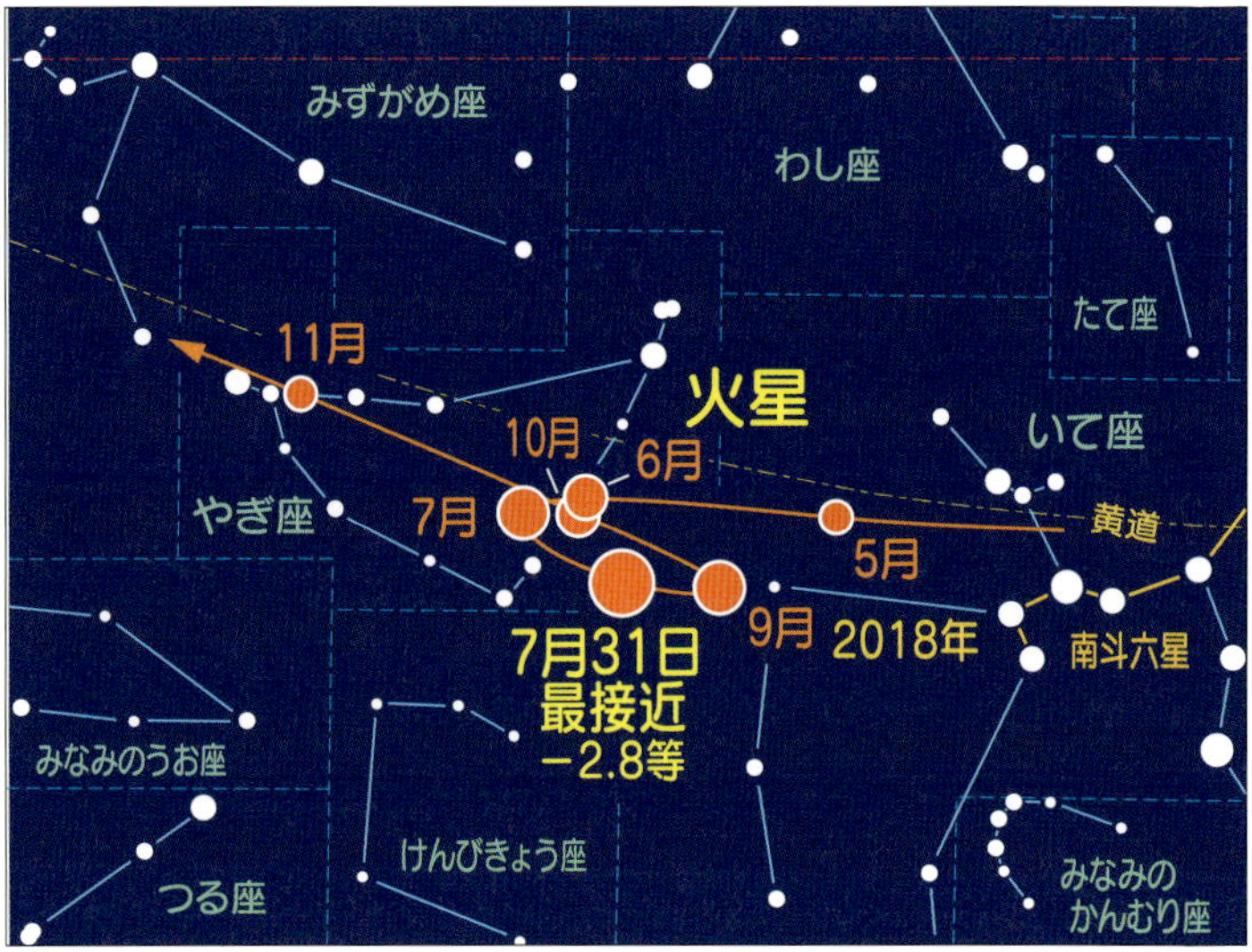

▲2018年地球へ近付いた火星の動き　火星が地球にもっとも近付くのは7月31日ですが、このころの火星は131ページにあるように、やぎ座の中で「順行《じゅんこう》」「逆行《ぎゃっこう》」をくり返すように移動していくのがわかります。

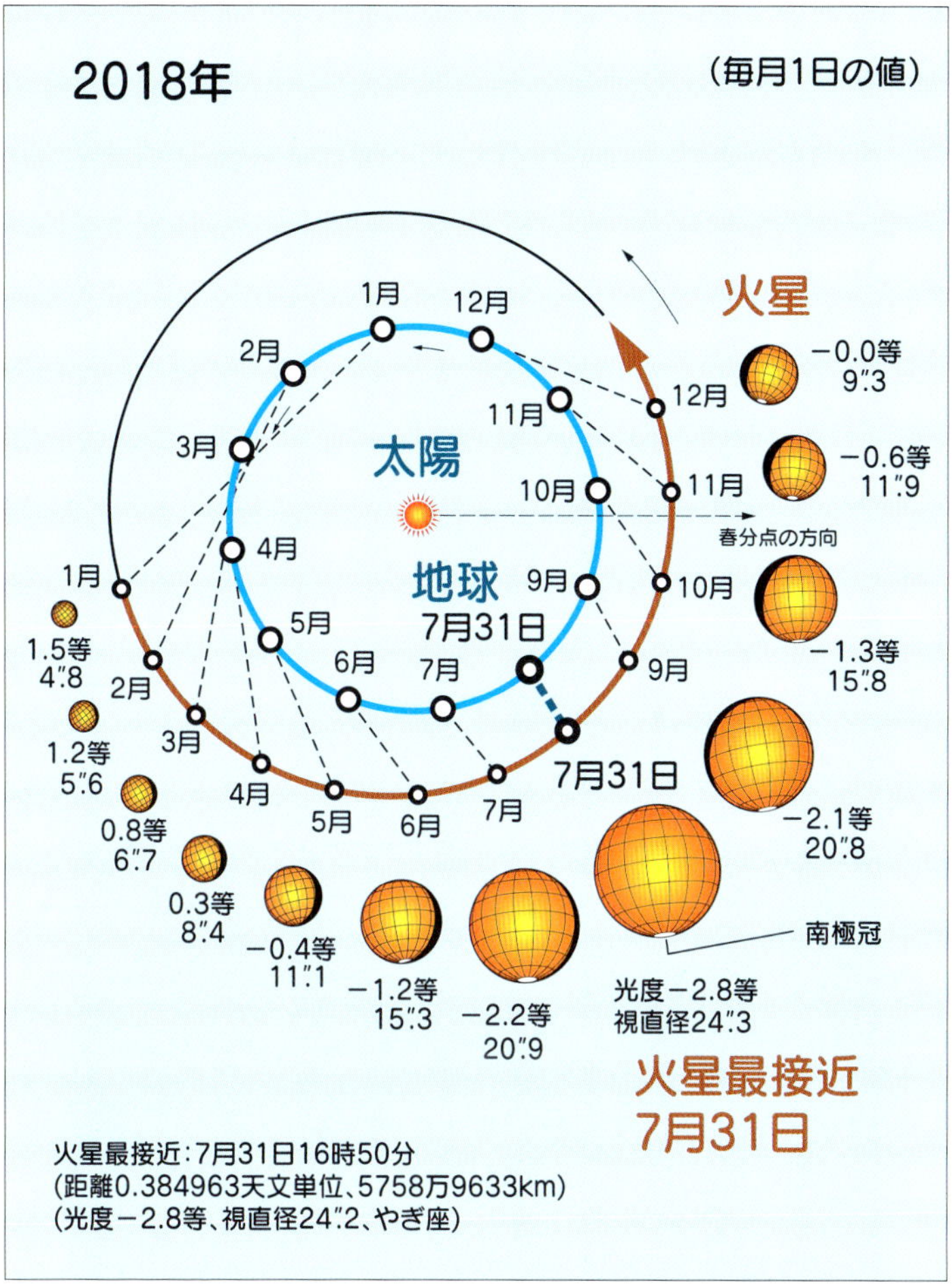

▲2018年の大接近のときの地球と火星の動き　2018年の年初のころの地球と火星の距離はまだ大きく離れていて、火星の見かけの大きさもまだ小さめで明るさも目を引くほどではありませんが、その後、両者の距離はぐんぐん近付いてきて、7月31日に最接近となります。望遠鏡では最接近のころ、およそ80倍の倍率で、肉眼で見る満月大に見えることになりますが、火星表面の模様はそんなイメージほどには見えませんので、期待し過ぎない方がよいでしょう。

接近ごとに変わる火星の見かけの大きさ

　ほぼまん丸な軌道を描いて太陽の周りをめぐる地球にくらべると、火星の軌道はややいびつなため、地球と火星が出会うことになる位置は、その都度、大きく変わることになります。つまり、接近ごとに地球と火星の距離は違ってくるというわけです。

　接近距離が違えば当然、火星の見かけの大きさにも違いが出てくるわけで、接近距離の近い「大接近」のときと接近距離の遠い「小接近」のときでは、火星の見かけの大きさにはずいぶん差が出てくることになります。同じ接近とはいっても、倍近くの見かけの大きさの違いがあります。２０１８年以降の火星接近について、どのように見えるのか紹介しましょう。

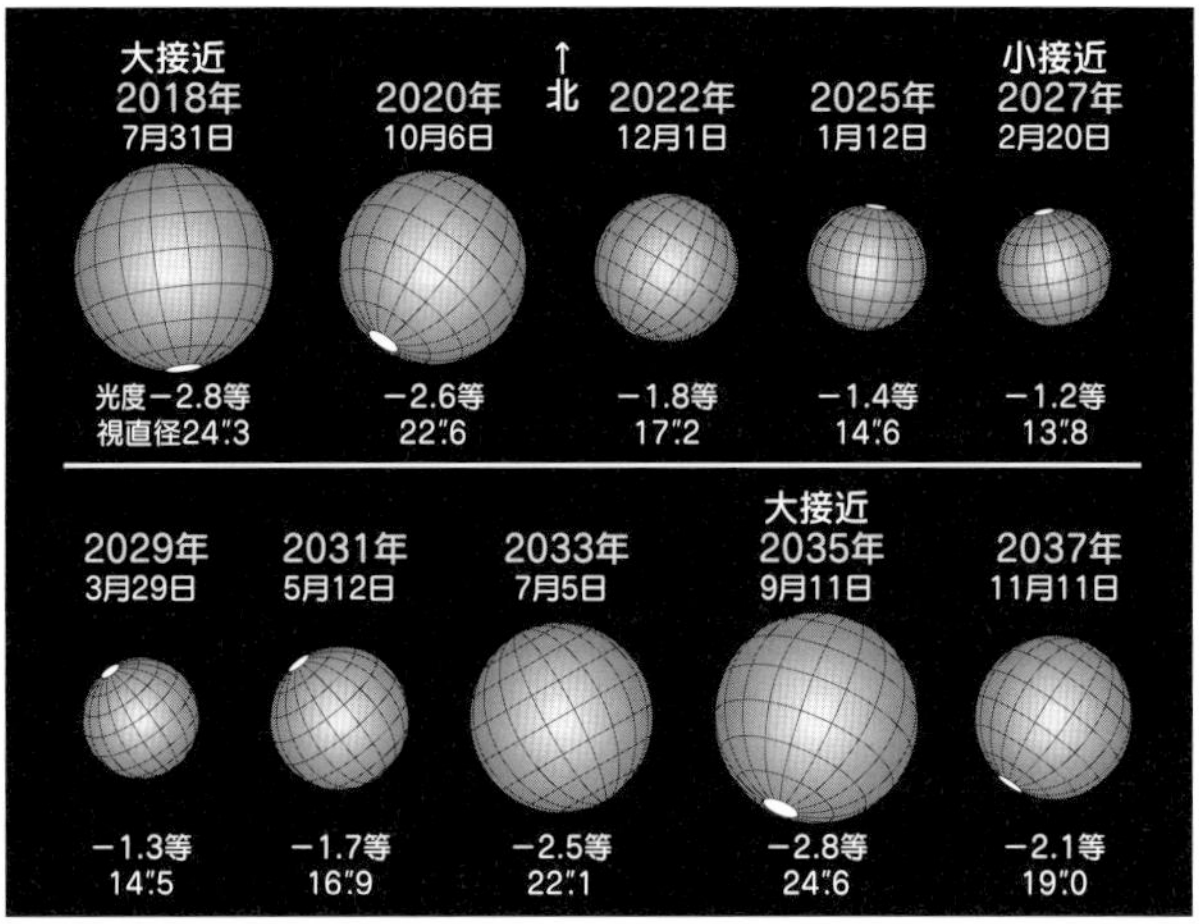

▲2018年以降の接近ごとの火星の見かけの大きさの違い

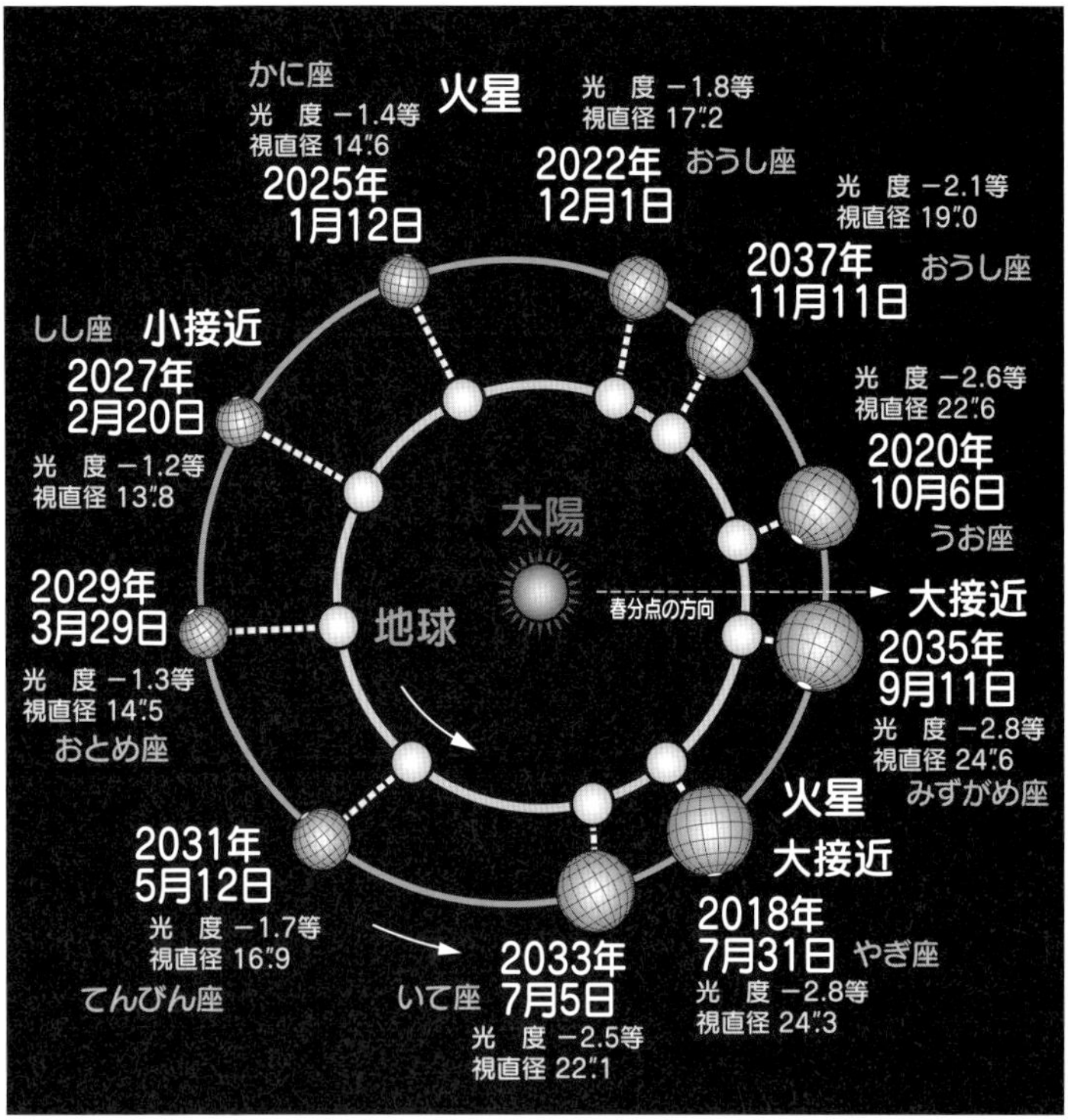

▲火星の接近ごとの距離の違い　火星が太陽にもっとも近付く「近日点《きんじつてん》」のあたりで地球に近付くと「大接近」となりますが、もっとも遠い「遠日点《えんじつてん》」付近で近付くと「小接近」となります。大接近は15 ～ 17年ごとに起こります。

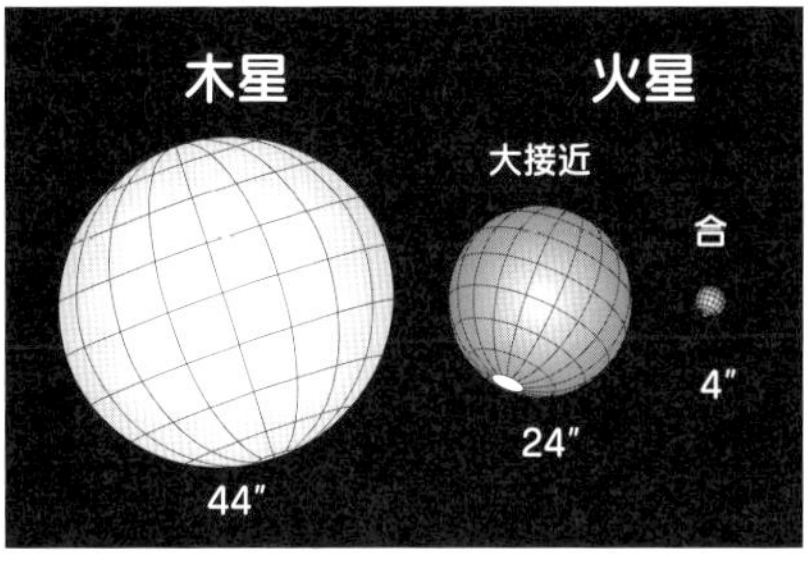

◀木星と火星の視直径の違い
地球から見た惑星の見かけの大きさを角度の秒（″）で表わしたのが「視直径」です。「視半径」で表わされることもあります。
合：地球から見た火星が太陽をはさんで反対側にあり、地球からもっとも離れている状態。

2020年火星の準大接近

▲(上図) **秋の星座と火星の見つけ方**　明るい星の少ない秋の夜空では、火星のひときわ明るく赤い輝きが目を引き、見つけるというほどの手間をかけることなく、ひと目で火星の存在はわかることでしょう。

◀(次ページ) **秋の星座と火星の輝き**　地球へ接近中の火星は、うお座のリボンのひもの結び目のあたりに見えています。

やまねこ
こぐま
北極星
きりん
りゅう
ケフェウス
カシオペヤ
はくちょう
ペルセウス座
デネブ
アルゴル
とかげ
M31
アンドロメダ
おひつじ
さんかく
こぎつね
ペガススの
大四辺形
ペガスス
いるか
火星
こうま
黄道
うお
天の赤道
ミラ
くじら
みずがめ
やぎ
ろ
みなみのうお
ちょうこくしつ
フォーマル
ハウト
けんびきょう
つる
ほうおう
南

2020年の火星の動き

2018年の大接近にくらべると地球との少し距離が開いているので、そのぶん見かけの大きさもやや小さめとなりますが、それでもまだ大きめで「準大接近」とよんでもいいくらいの接近ぶりです。とくに2020年の接近は、明るく目を引く星が少ない秋の星空での接近ですから火星の存在が目立ち、赤く明るい火星の輝きが2018年の大接近にくらべても見劣りしないほど目につくことでしょう。見かけの大きさも火星としてはたっぷりあり、表面の模様も小望遠鏡でもよくわかります。小望遠鏡で火星を見て楽しむ好機です。

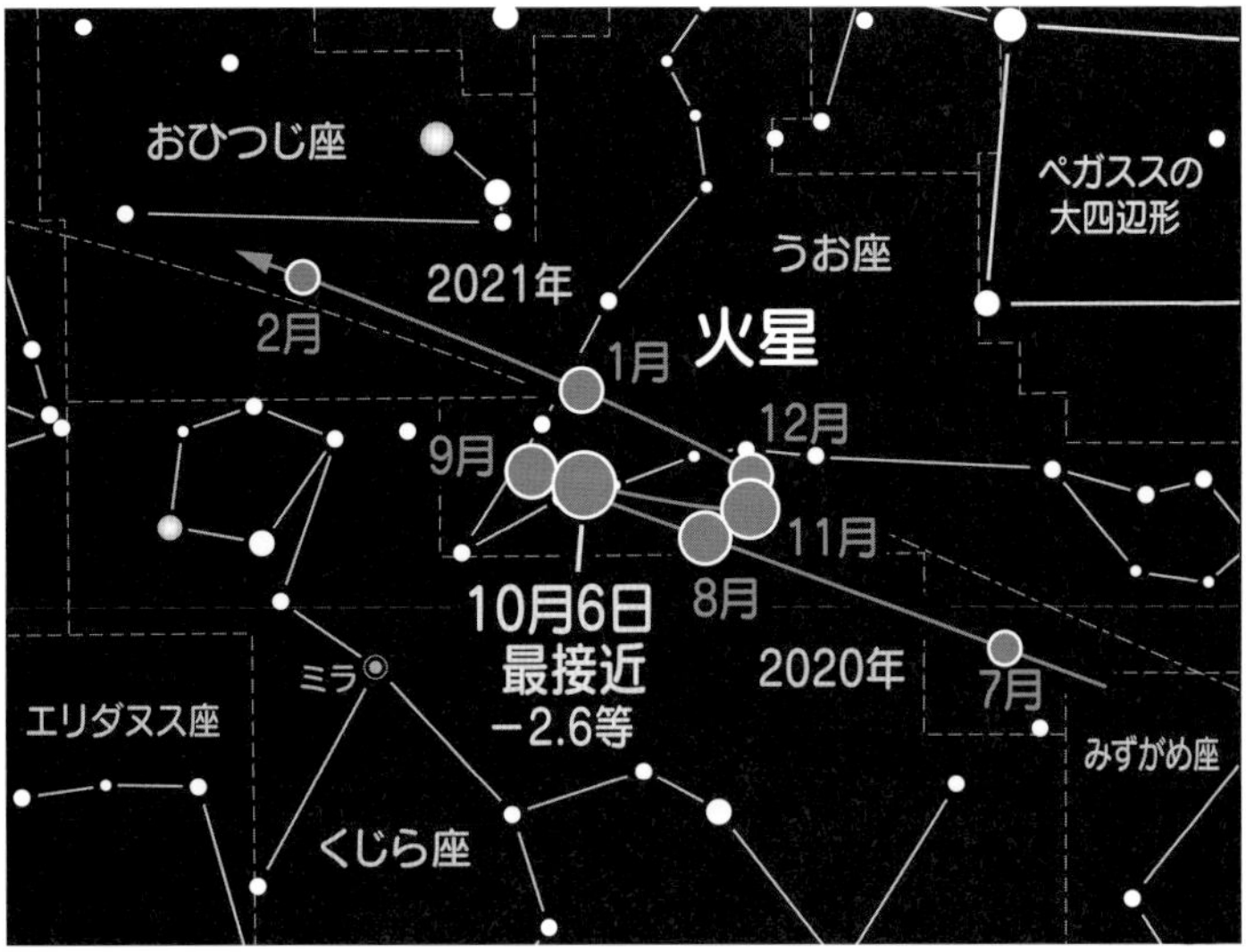

▲**2020年地球へ近付いた火星の動き**　火星が地球にもっとも近付くのは10月6日ですが、うお座とおひつじ座の中で「順行」と「逆行」をくり返すように移動していくのがわかります。順行と逆行の説明は131ページにあります。

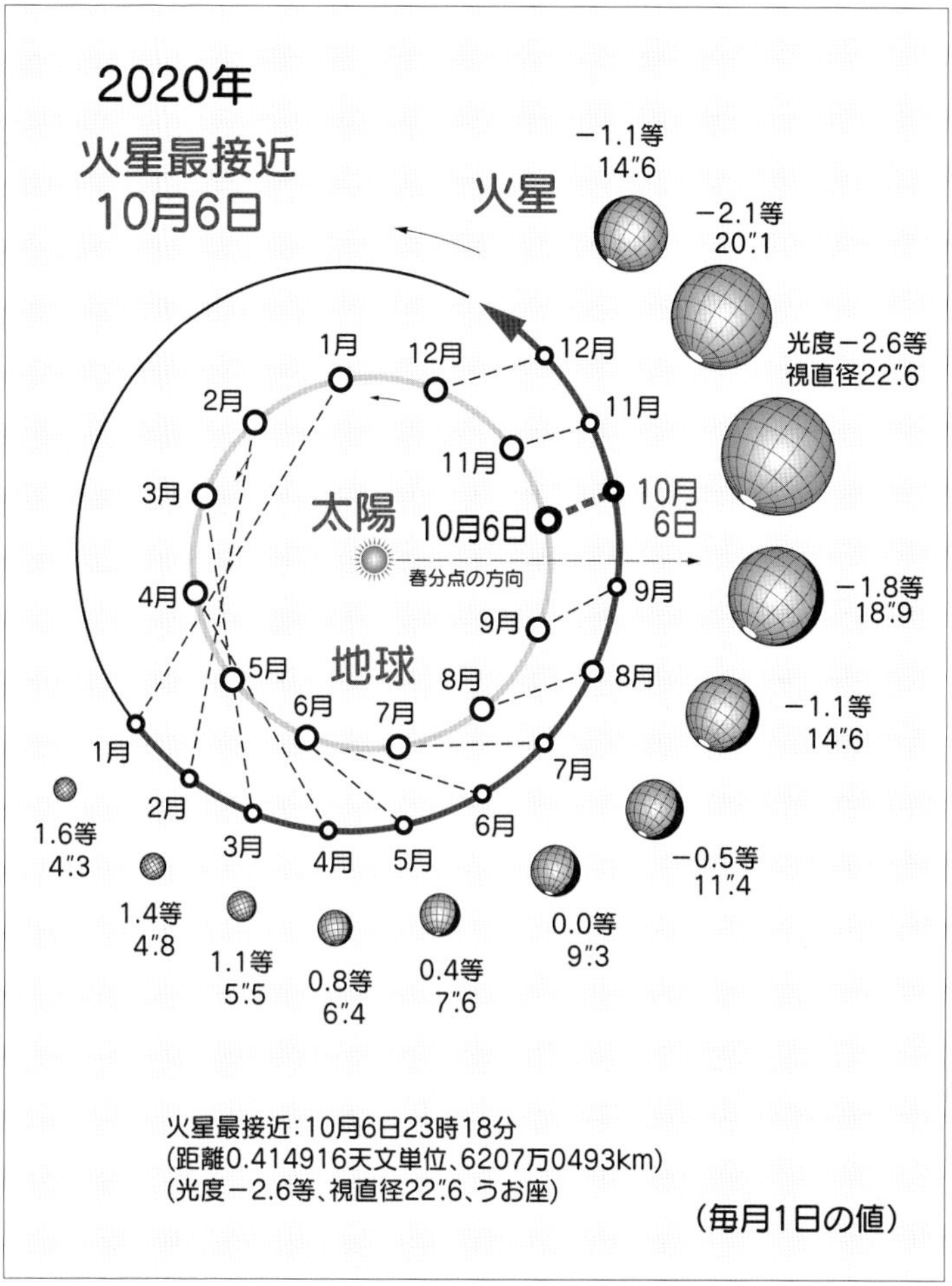

▲**2020年の準大接近のときの地球と火星の動き**　2018年7月31の「スーパーマーズ」などとよばれた大接近のときにはおよびませんが、それでも「準大接近」とよばれていいくらいに近付き、火星の見かけの大きさとしてはたっぷりの火星像を楽しむことができます。およそ85倍の倍率で肉眼で見る満月大の火星像が見えることになりますが、満月の模様があんがい見にくいことを考えると、火星の模様も見やすいとはいえません。

2022年火星の中接近

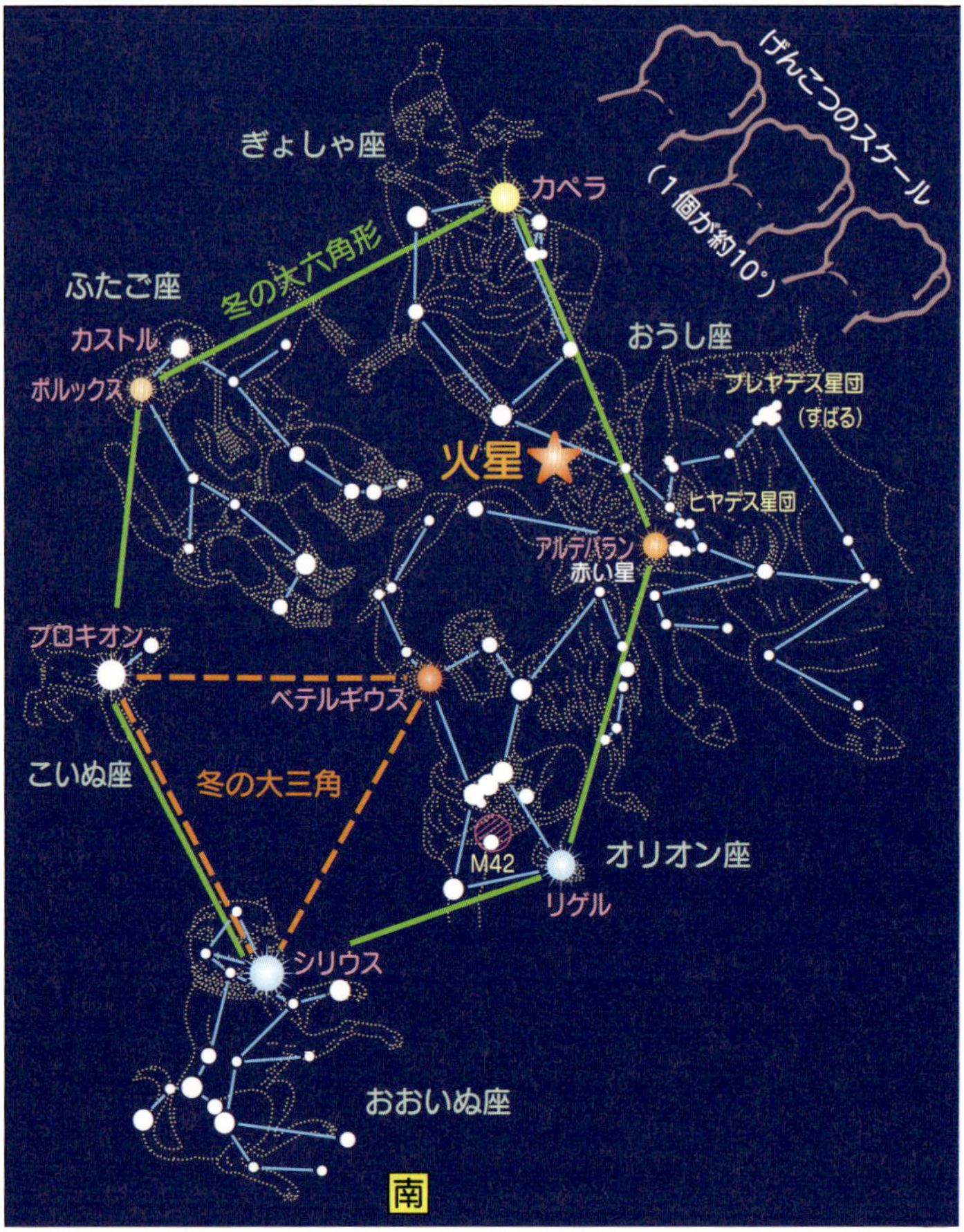

▲（上図）**冬の星座と火星の見つけ方**　おうし座にいる赤く輝く火星の輝きは、明るい星の多い冬の星座の中にまぎれ込んでいますが、－1.8等の赤い姿は移動するのですぐわかることでしょう。

◀（次ページ）**冬の星座と火星の輝き**　地球接近のころの火星は、南の空に輝くシリウス並みの明るさなので、都会でもすぐ見つけられることでしょう。

こぐま座
りゅう座
北極星
ケフェウス座
カシオペヤ座
北斗七星
きりん座
おおぐま座
アンドロ
やまねこ座
ペルセウス座
カペラ
アルゴル
こじし座
さんか
ふたご座
ぎょしゃ座
しし座
カストル
おうし座
おひつじ座
ポルックス
火星
プレアデス星団
プレセペ
黄道
ヒアデス星団
かに座
アルデバラン
オリオン座
こいぬ座
プロキオン
ベテルギウス
うみへび座
天の赤道
くじら
冬の大三角
いっかくじゅう座
M42
リゲル
シリウス
エリダヌス座
おおいぬ座
うさぎ座
らしんばん座
とも座
ろ座
はと座
ほ座
ちょうこくぐ座
とけい座
りゅうこつ座
カノープス
南

2022年の火星の動き

前回となる２０２０年の準大接近のころにくらべると、火星と地球の接近距離はさらに開いてきて、火星の見かけの大きさも少し小さめで「中接近」とよべるくらいのものになります。それでも火星の明るさはマイナス1.8等と、真冬の南の空で青白く輝く全天一の輝星《きせい》シリウスをしのぐ明るさですから、澄み切った冬の夜空ではひときわ目を引く存在として注目されることでしょう。なお、５年後の２０２７年の接近は、火星接近としてはもっとも遠いものとなります。次回の大接近は、２０３５年９月です。

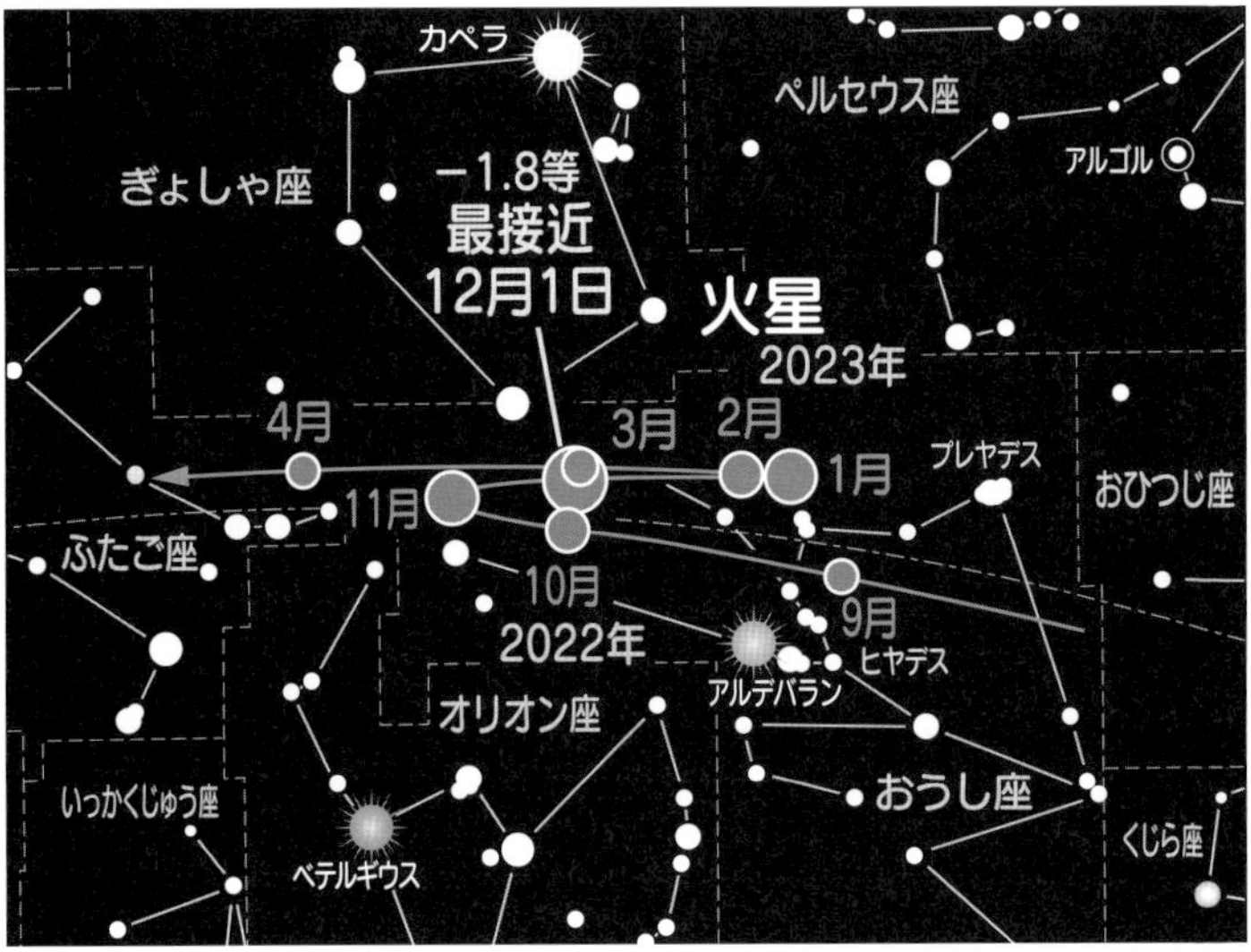

▲2022年地球へ近付いた火星の動き　火星がもっとも地球へ近付くのは12月1日ですが、明るい星の多い星座の中にあっても、火星の−1.8等の赤く明るい輝きは、頭上のおうし座で目を引くことでしょう。

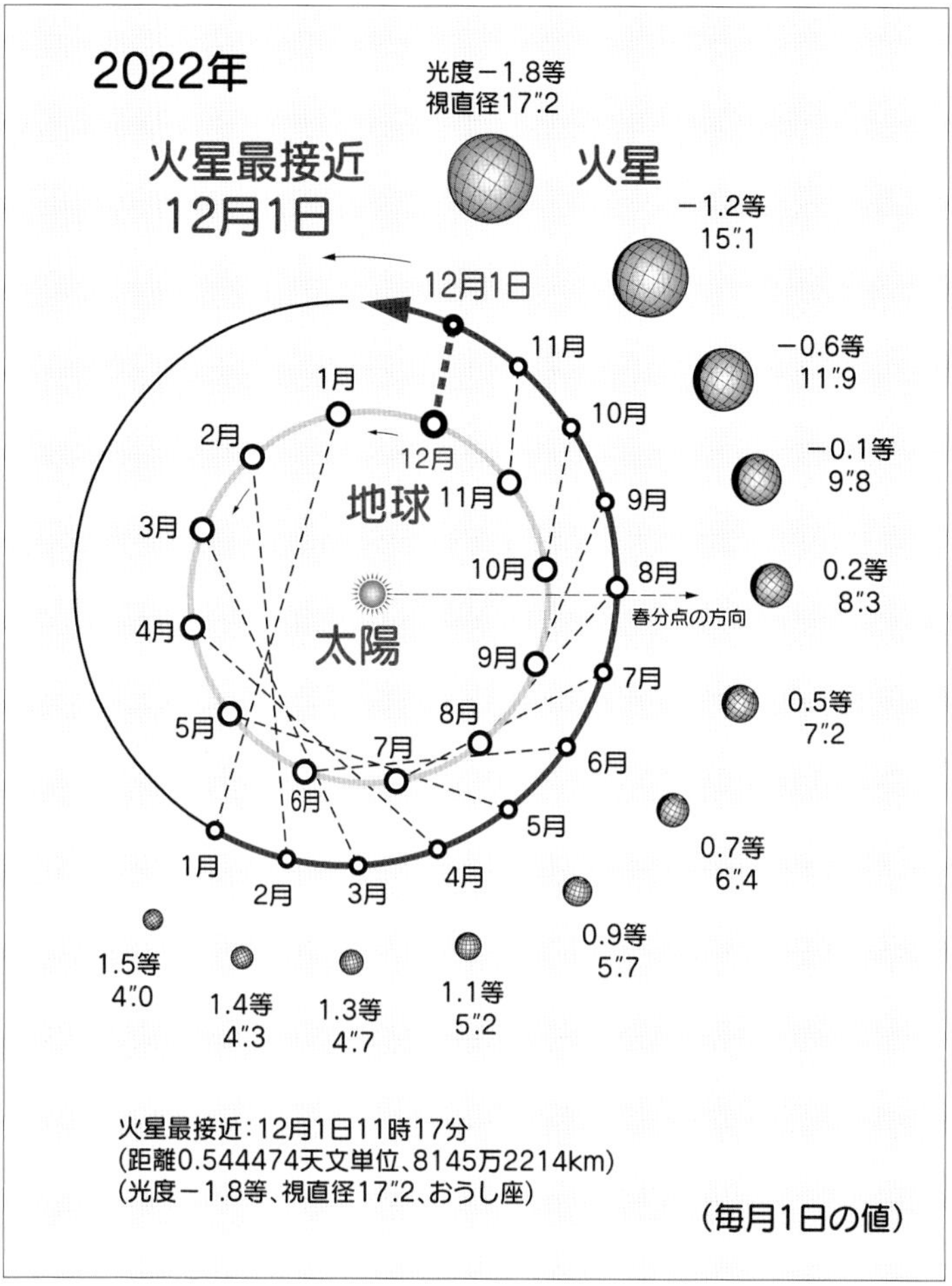

▲2022年の中接近のときの地球と火星の動き　2018年7月31日のスーパーマーズとよばれた大接近のときにくらべると、火星と地球間の距離も開いてきて、火星の見かけの大きさも小さくなり、そのぶん火星の表面の模様もわかりにくくなってきています。2018年と2022年の接近のころは南極冠のあたりがよく見えていましたが、2022年は南極と北極の中間が見え、2025年以後はしばらくの間、北極冠が見やすい状態が続きます。

2024年～2031年の火星接近

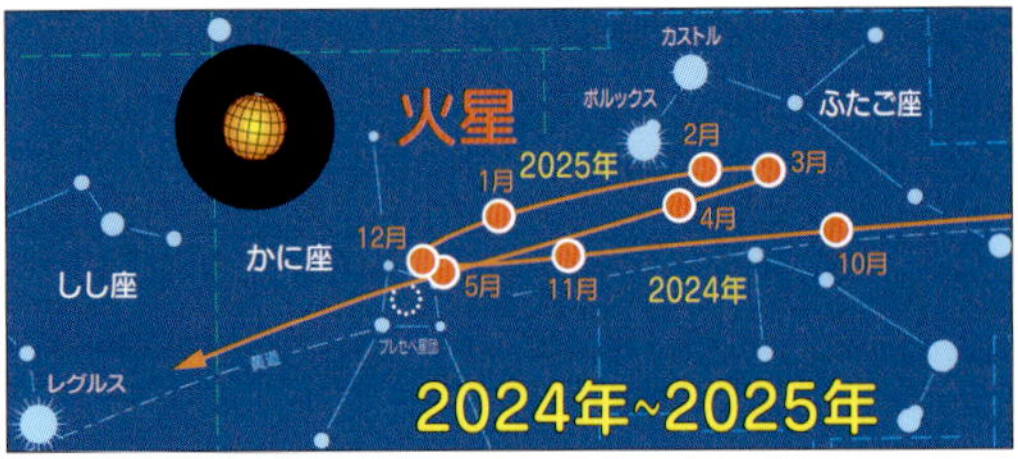

◀2025年1月12日
ふたご座の兄弟星カストルとポルックスの東よりに並び、まるで三兄弟のように見えることでしょう。接近前にプレセペ星団のそばに見えます。

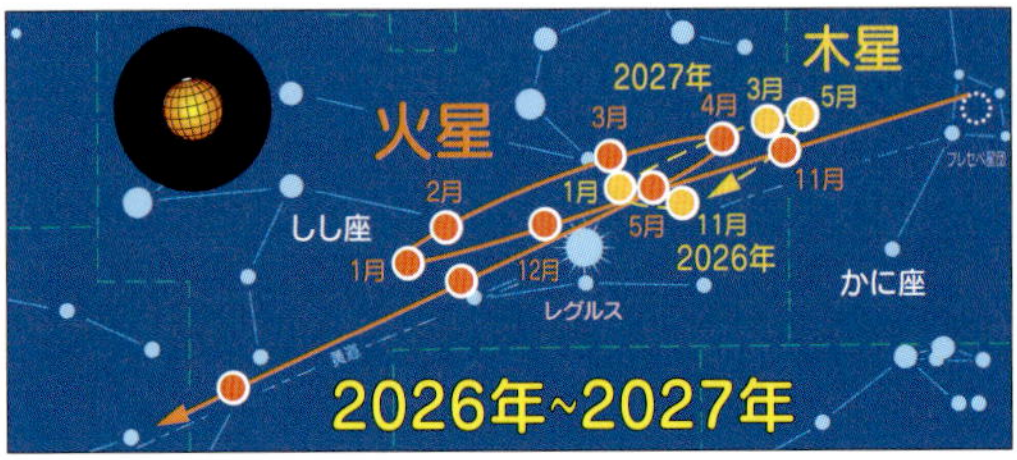

◀2027年の小接近
2月20日に地球へもっとも近付きますが、距離が離れた「小接近」で、望遠鏡でも見ばえがしません。近くにしし座のレグルスと木星が見えています。

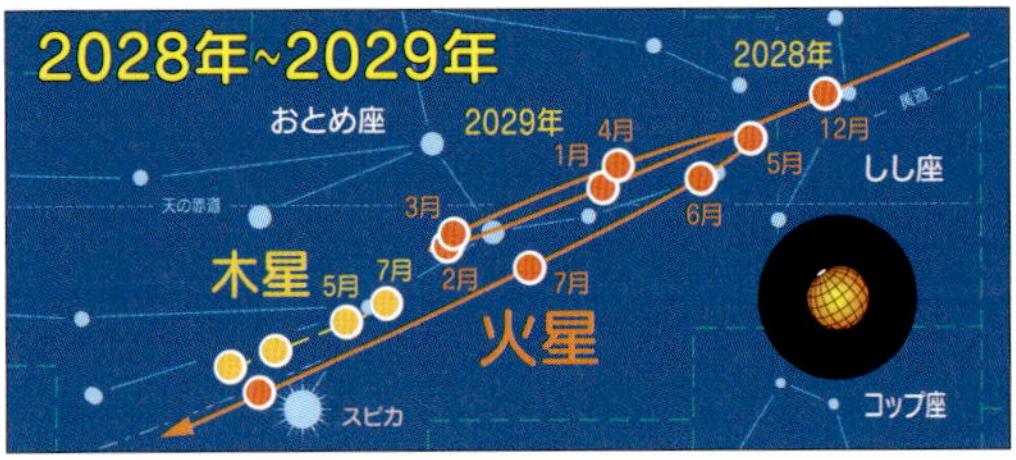

◀2029年3月29日
小接近の次の接近なので、見かけの大きさも小さめです。近くに明るい木星やおとめ座と1等星スピカが並んでにぎやかな印象です。

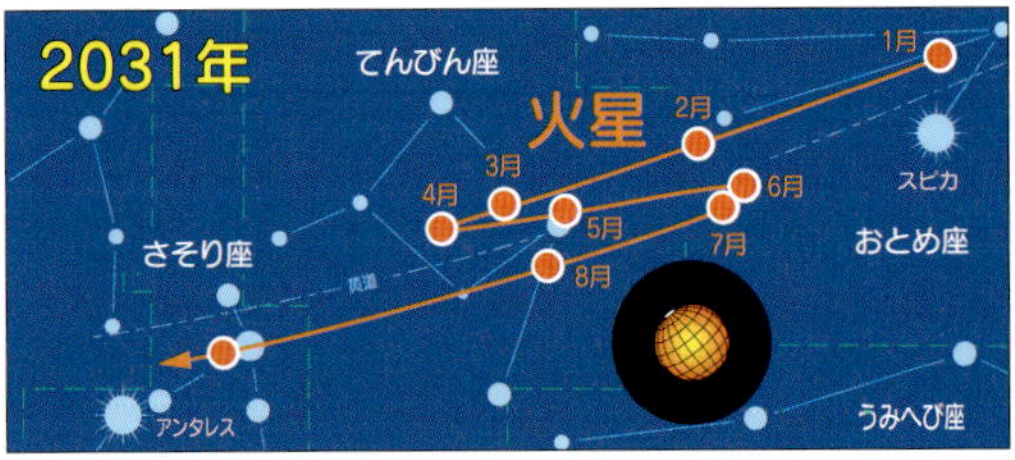

◀2031年の中接近
5月12日に地球へ近付きますが、9月になるとさそり座の赤い1等星と並び、夕方の西天でライバル同士が接近して見えます。

第6章
火星面を見よう

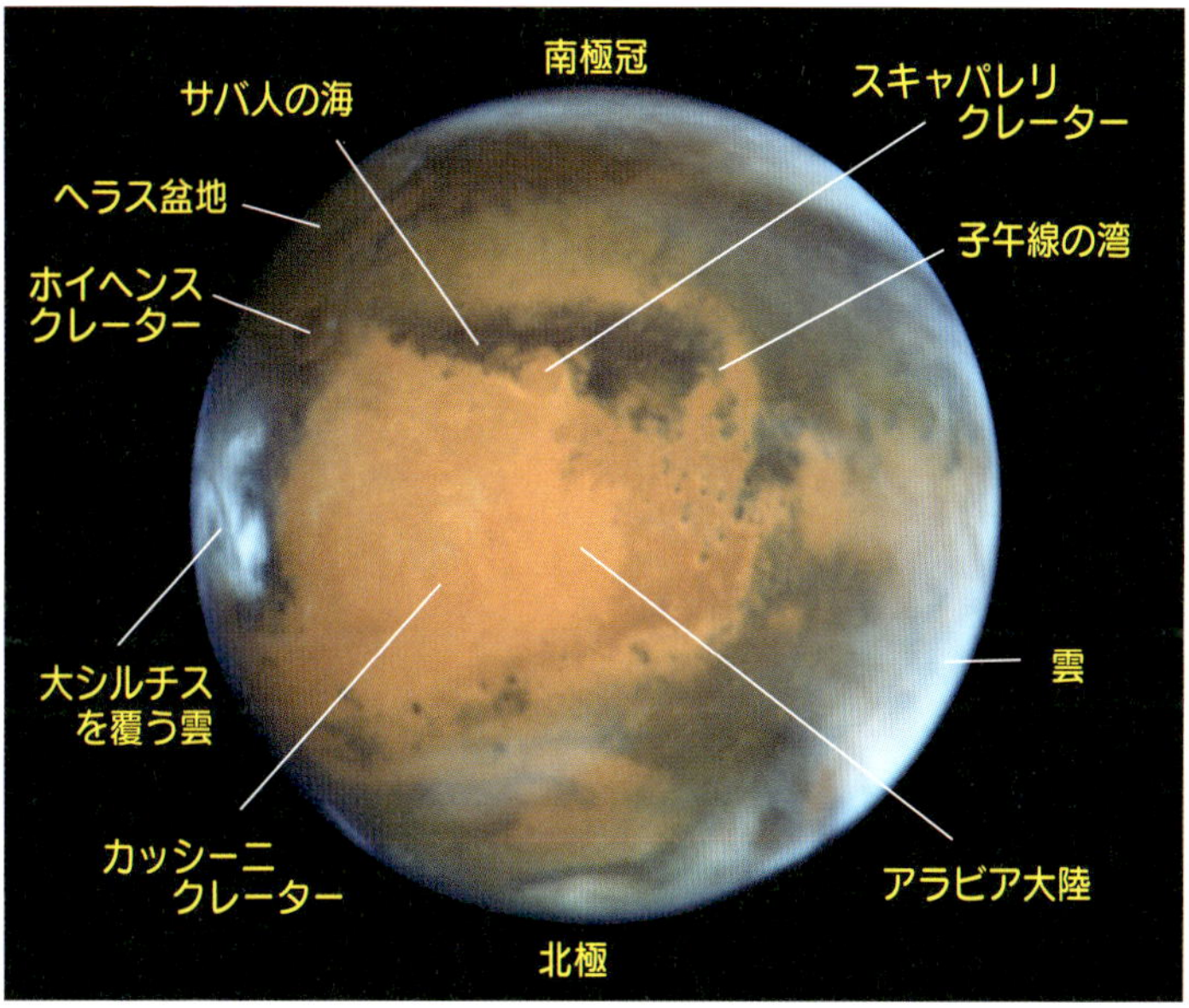

火星は地球と似て自転していますので、見える表面の模様はそれにつれ移り変わっていきます。これはハッブル宇宙望遠鏡がとらえた姿ですが、小さな望遠鏡ではとてもここまでは見えません。期待し過ぎて見ないようにすることも火星観察のポイントといえます。

望遠鏡で楽しむ火星の見どころ

惑星《わくせい》の中でもっとも明るく輝いて見えるのは、宵《よい》の明星《みょうじょう》、明《あ》けの明星としておなじみの金星で、その明るさは最大マイナス4等を超えます。次いで明るいのが夜半の明星ともよばれる木星で、その明るさは最大マイナス3等に近くなります。そして、3番目に明るくなるのが地球大接近中の火星で、木星なみの明るさになります（2018年の大接近中の7月中旬の間は木星より少し明るくなります）。そんな明るさで赤々と輝く火星を目にしていると、天体望遠鏡で見るとどんなに大きな火星像が見られるのだろうかと期待は大きくふくらむことになります。ところが、実際に望遠鏡をのぞいてみると、ごく小さな赤い円盤像《えんばんぞう》にしか見えず、期待は大きく裏切られ、むしろがっかりさせられてしまうくらいです。

火星の実体は、地球直径の半分くらいしかありませんので、地球にうんと近付いたからといって見かけの大きさは知れたもので、木星の半分くらいにしかなりません。

大型の望遠鏡で得られた火星のスケッチや、ハッブル宇宙望遠鏡で撮影されたような大きな火星像が見えるのではないかと思い描いて眺めると、望遠鏡の視野内の火星像の貧弱さにがっかりさせられることになるわけです。つまり、火星の望遠鏡での見え方には、過大な期待をしないことという覚悟があんがい大事といえましょう。

そのうえで、小さな火星像に改めて目を凝らしてみると、今度は意外に表面にある薄暗い模様などが見えているのに気付かされ、興味深さが増してくることになります。とはいっても、そうなる前に望遠鏡で火星をのぞきなれることも必要で、初めて火星を目にしていきなり詳しい模様がわかるとい

▲火星と月面　地球に近付いた火星が月の近くを通過したときの様子で、火星がいかに小さくしか見えないことがわかります。このため気流の落ちついた晩は、思いきって望遠鏡の倍率をアップして見るのがおすすめです。ふつう望遠鏡の倍率は、レンズや反射鏡の口径の20倍くらいまでで、つまり、10cmなら200倍くらいまでが限度とされていますが、火星は明るい天体なので、条件によってはそれ以上の過剰倍率で見てもよいことがあります。

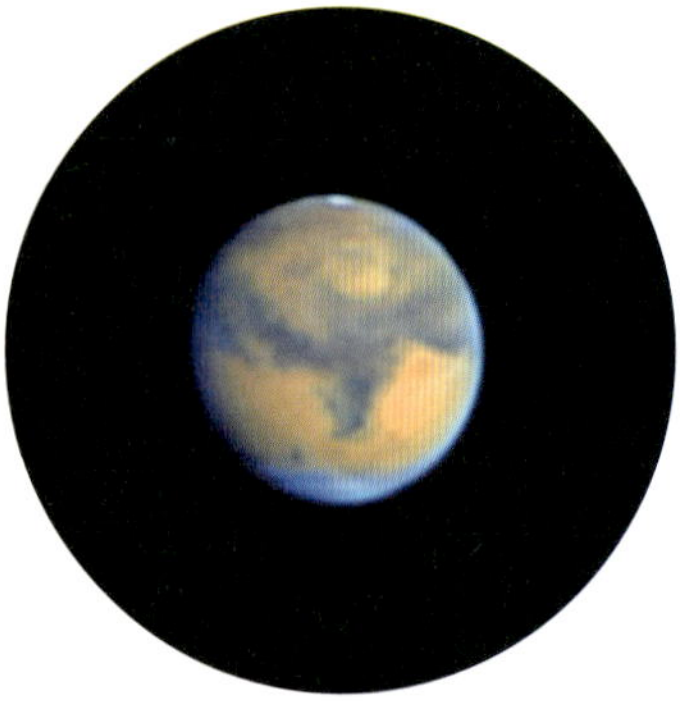

▲好シーイングのときの火星像　地球大気が安定している「好シーイング」の晩には、火星像の乱れも少なく、びっくりするくらい美しい模様が見られることがあります。そんな晩には、倍率を思いっきり高めにして表面の様子を楽しむようにしてください。

▲火星面に見える模様　天体望遠鏡では天地が逆さまに見えることがふつうなので、上に白く見えているのが「南極冠」になります。望遠鏡の口径が大きくなるほど、表面の模様はより詳しく見えるようになります。公開天文台などの大きな望遠鏡を使用しての観望もおすすめです。

うものでもないのです。科学的ではないとはいえ、火星の観測にも「のぞきなれる」というある程度の熟練さが必要というわけです。

初めて望遠鏡で目にする小さな火星像に「なんだかよくわからない」などあきらめるのではなく、しつこく何度も目にすることをおすすめしておきましょう。

小さな火星像ですから、より大きく見るためには望遠鏡の倍率《ばいりつ》を上げたいところですが、望遠鏡の適正倍率は、対物《たいぶつ》レンズや反射《はんしゃ》鏡《きょう》の口径《こうけい》の大きさによって制限があり、むやみやたらに倍率を上げても像は暗くなりボケ気味になるだけで、あまりおすすめできません。そこで、最近各地に設置されている公開天文台などで企画される火星観望会に参加して、大きな口径の望遠鏡で専門家の解説付きで火星像を楽しむという方法があります。

▲南極冠の変形　小さな望遠鏡でもはっきりわかるのは、真っ白な火星の南極冠です。まるで火星がベレー帽をかぶっているような印象に見えます。この南極冠も大きめの望遠鏡で見ていると形が変わっていくのがわかります。

▲自転する火星　地球よりほんの少し長めの24時間37分で自転しているため、見る時刻によって火星面の模様は移り変わっていきます。156ページの火星面図によって見えている模様の位置のおよその見当をつけることができます。

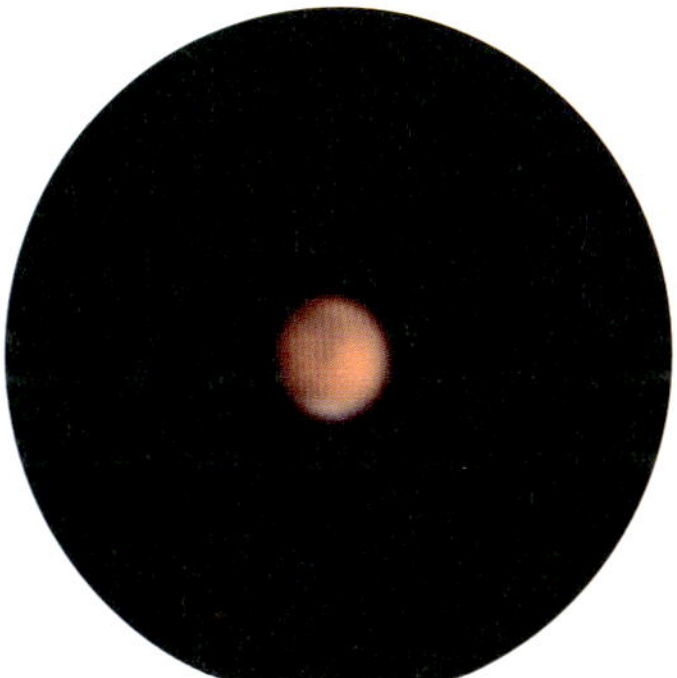

▲遠い火星　地球から遠く離れているときや小接近のときの火星の表面はとても観察しにくいものです。火星の見かけの大きさが10″（秒）を超えるようにならないと、火星観察のお楽しみはむずかしいといえます。

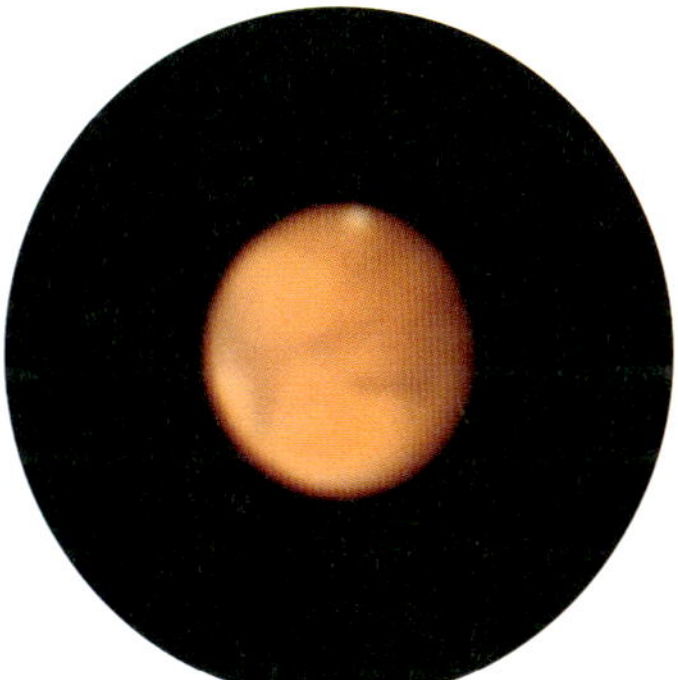

▲南極冠の縮小　大きく見えている白い南極冠も火星世界の夏の季節が進むにつれ、次第に小さくなりやがて消えてしまいます。火星の季節によって南極冠は消長を繰り返していて、その様子は小望遠鏡でもよくわかります。

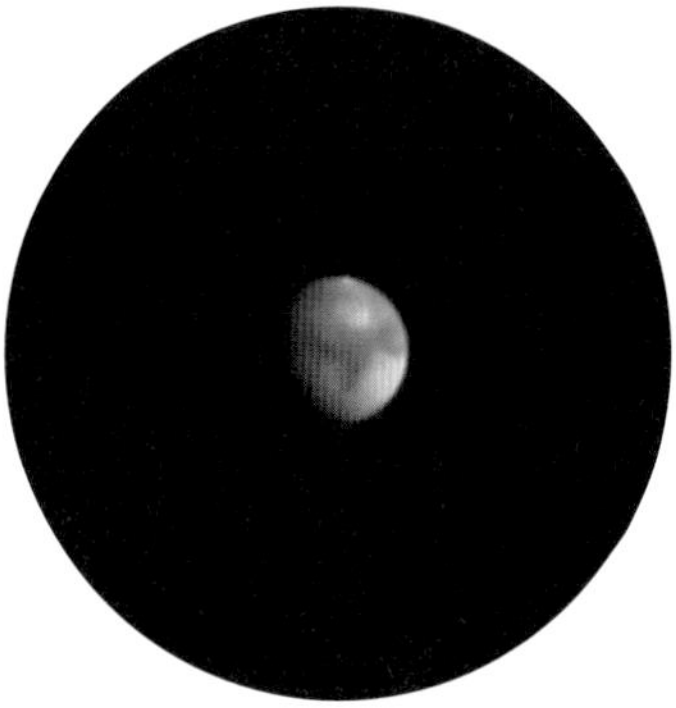

▲欠けて見える火星　地球接近のときの火星は満月のようにまん丸に見えますが、火星と地球との位置関係によっては、火星が少し欠けて見えることがあります。

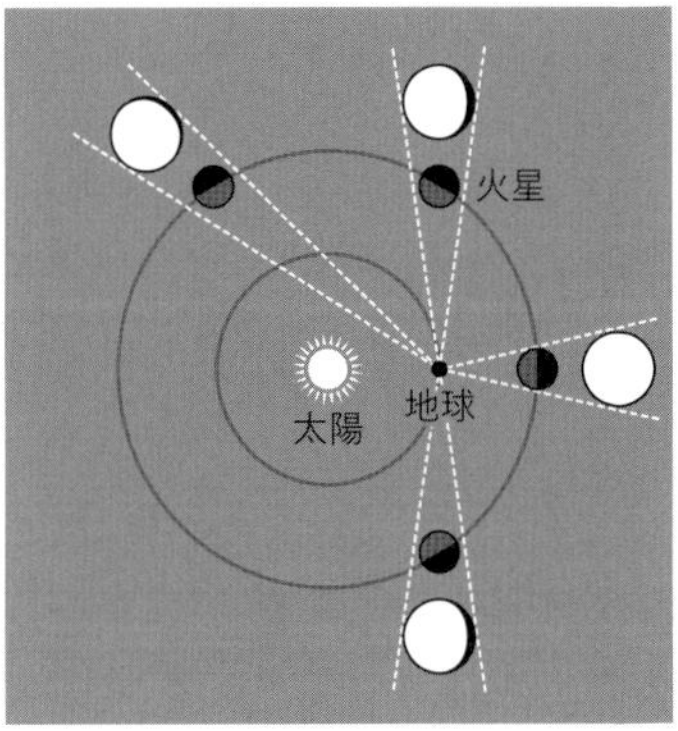

▲火星が少し欠けて見えるわけ　太陽と地球と火星が90度になるような位置関係になると火星はおよそ13%欠けて見えます。地球から火星の夜の部分を少しのぞき見るようになるからです。

159ページにそれらの天文台の一部が紹介してあります。

大きな口径の望遠鏡でなら、ある程度倍率をアップした大き目の明るい火星像の模様などがわかるようになります。ただし、地球の大気の乱れによる火星像の見え方の違いは、大きめの口径といえどもどうにもなりません。流れの速い小川の水の底の石ころを見るように大気のゆらぎがひどいときには、火星像がゆらゆら揺れ動いて模様の細部がまったくわからないことがあります。一方、大気が安定しているときには、火星像も落ち着き安定して細部がよくわかり驚かされることがあります。この見え方の良し悪しのことを「シーイング」といい、シーイングの良い晩を逃さないようにして火星面に注目することも、火星観測の重要なポイントの一つとなります。

なお、火星は明るめの天体なので、デジタルカメラやスマートフォンでも撮影することができます。肉眼で望遠鏡をのぞくときのように、接眼レンズのところにカメラを近付け、ピントを合わせればよいだけで、案外よく写ってくれます。

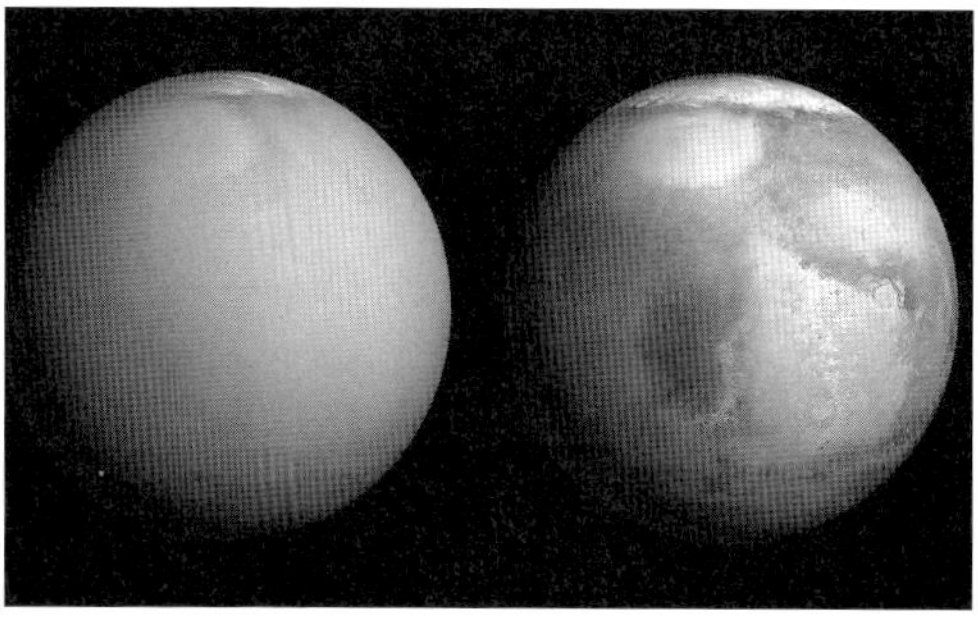

▲大黄雲の発生　気象現象などのある火星世界では、白い雲や砂嵐による「黄雲《こううん》」が発生することがあります。大規模な黄雲が出ると火星の模様が変形して見えたり、ときには右側のように火星全面が覆われてしまうこともあります。

日本人名の付いた火星クレーター

探査で明らかになった火星の地形やクレーターには名前が付けられていますが、日本人名としては火星観測に活躍された宮本正太郎《みやもとしょうたろう》博士や佐《さ》伯恒夫《えきつねお》さんの2人が命名されています。下の写真は佐伯クレーターです。

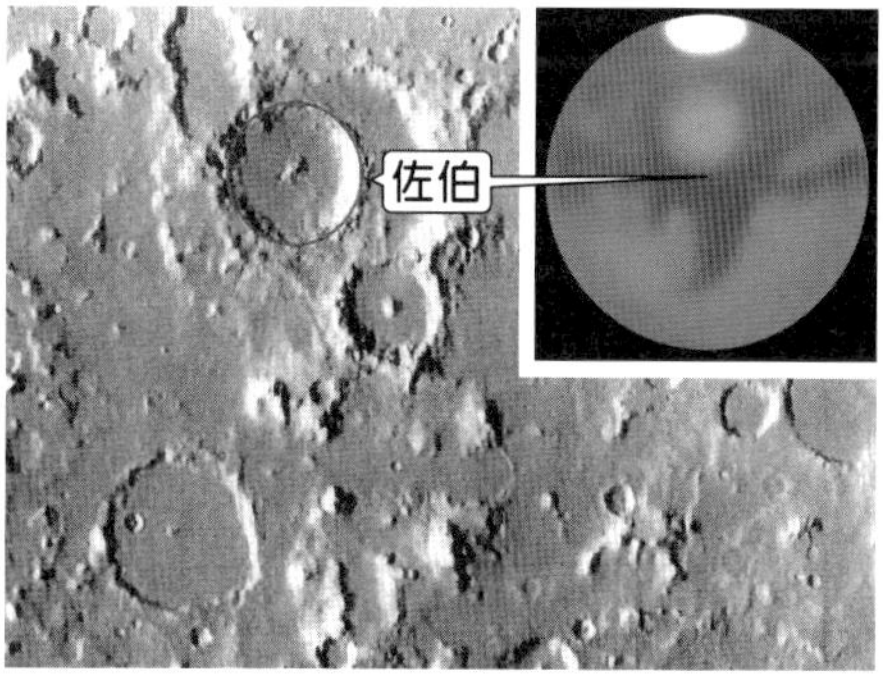

火星面図

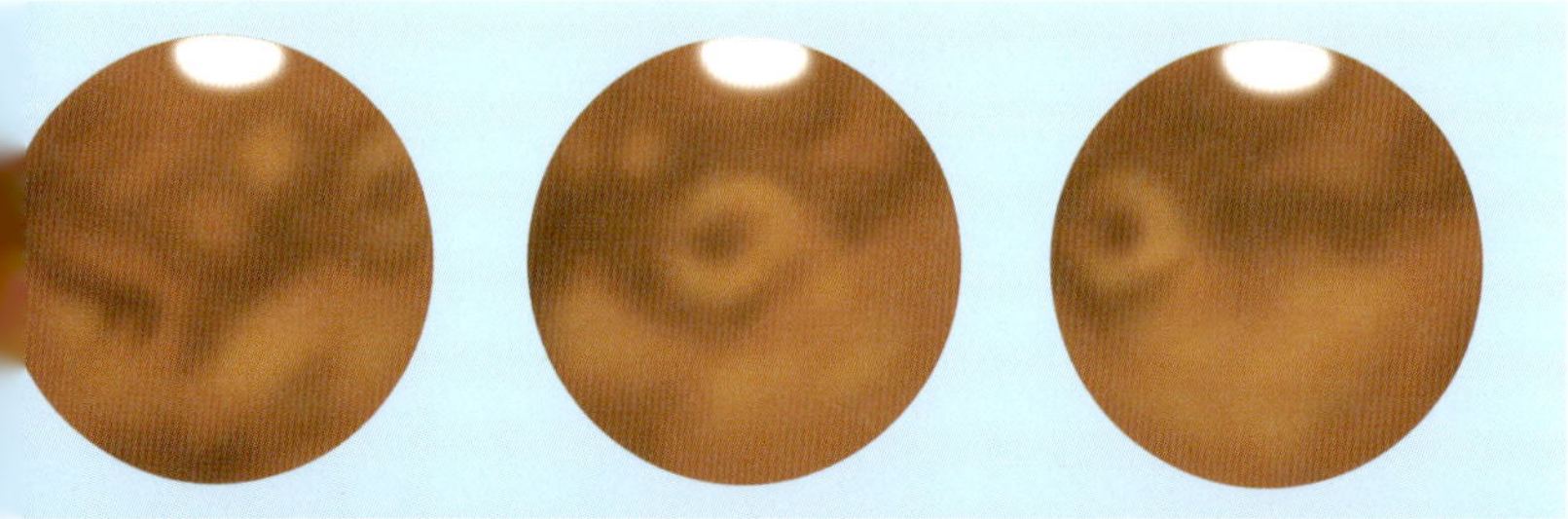

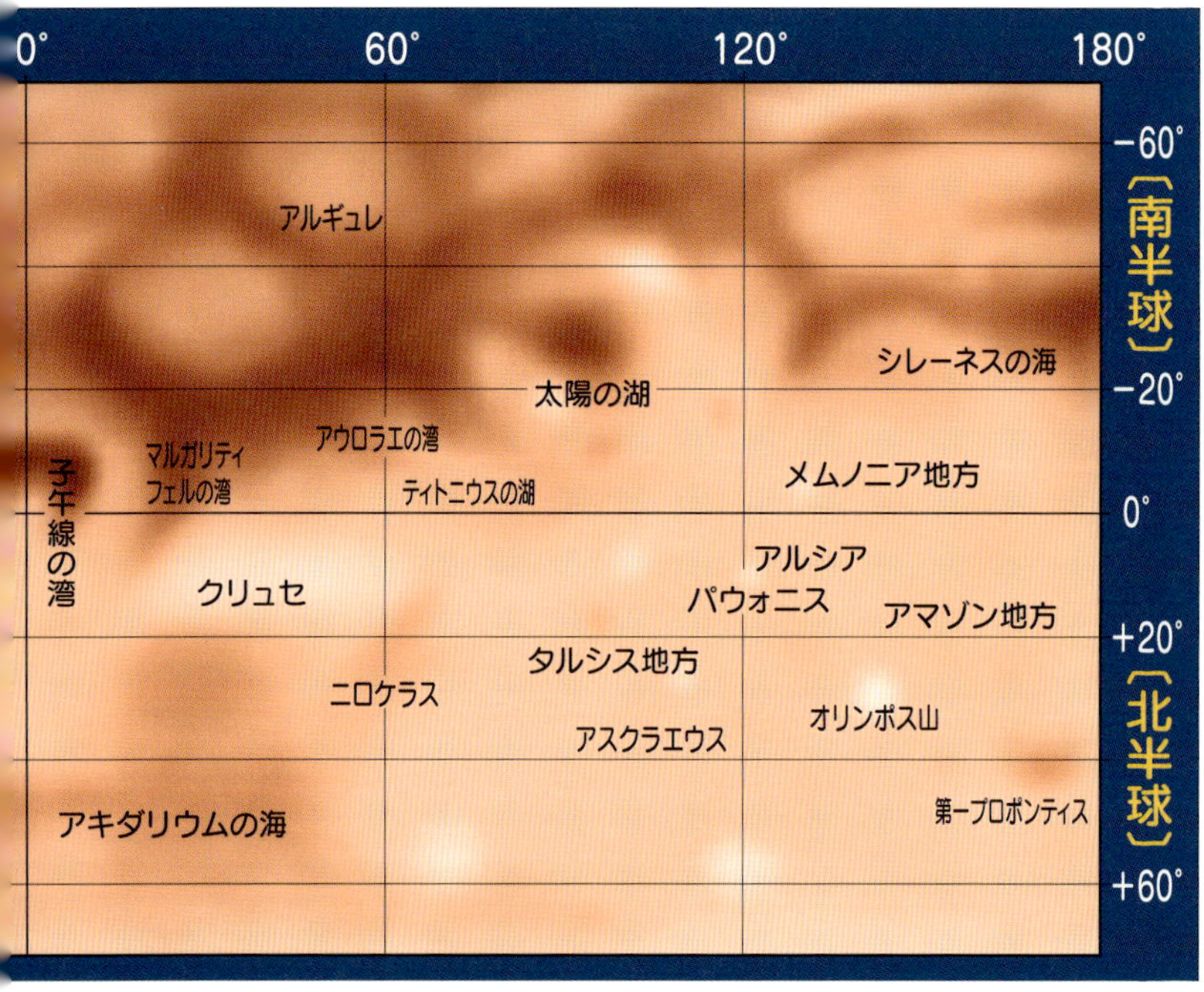

0°
60°
120°
180°
−60°
南半球
−20°
0°
+20°
北半球
+60°
アルギュレ
シレーネスの海
太陽の湖
アウロラエの湾
マルガリティフェルの湾
子午線の湾
ティトニウスの湖
メムノニア地方
アルシア
パウォニス
クリュセ
アマゾン地方
タルシス地方
ニロケラス
オリンポス山
アスクラエウス
第一プロポンティス
アキダリウムの海

▼自転する火星　地球よりも少し長めの24時間37分で火星は自転しています。そのため、見える模様は自転とともに移り変わっていきます。火星面の模様は下の火星図のようなものが主ですが、小さな望遠鏡では、接近したときでもこんなに細かなところまで見えるのはむずかしいといえます。

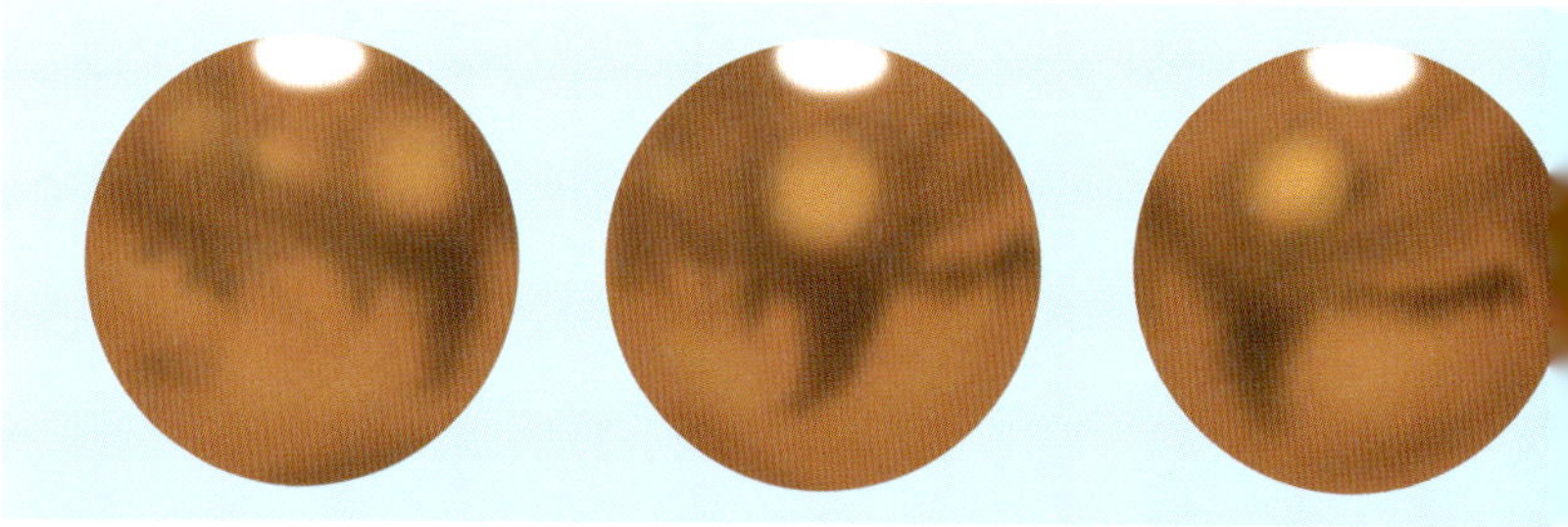

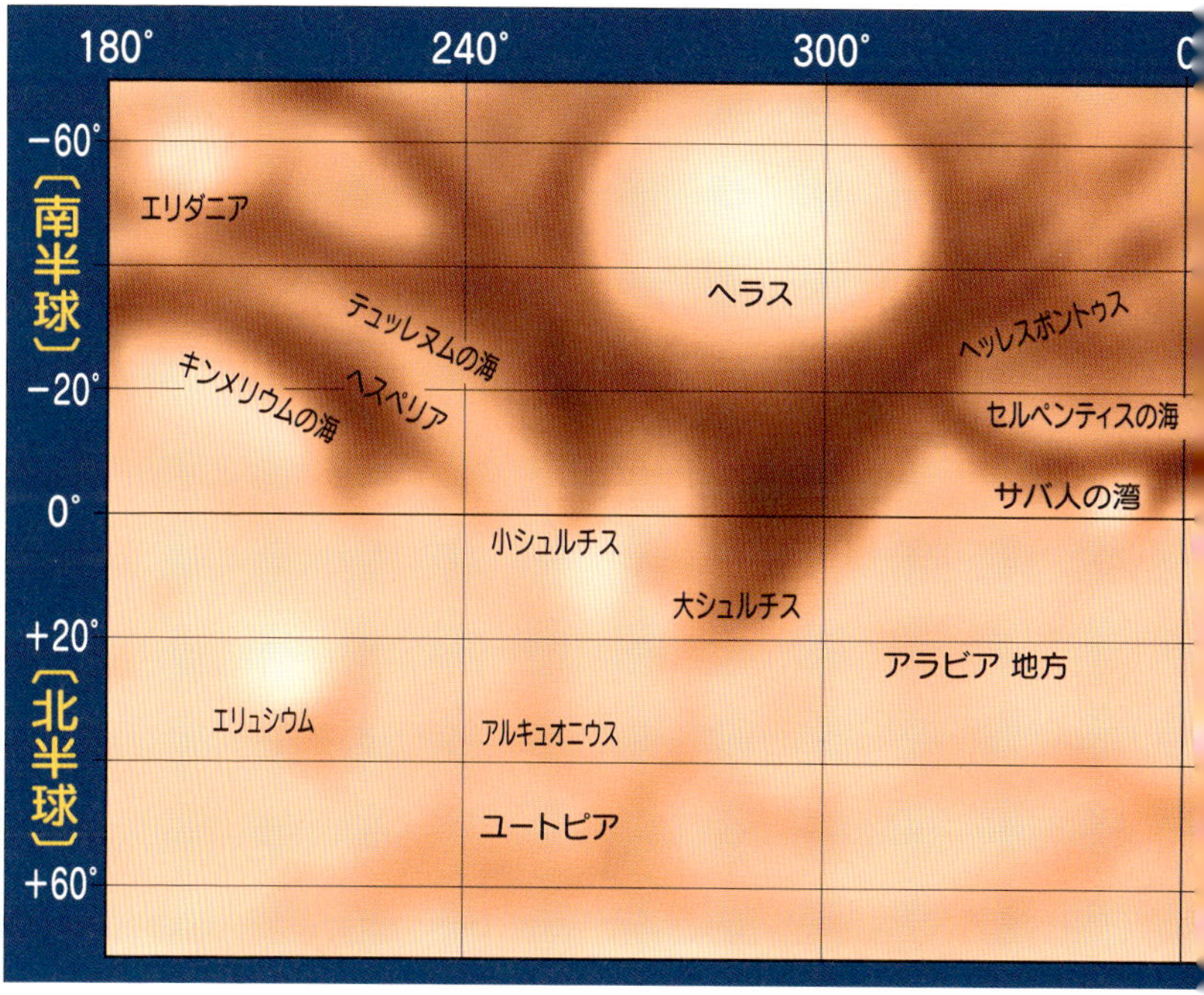

火星観望会へ参加して楽しもう

星空に輝く真っ赤な火星の姿は、肉眼でも充分に魅力的といえますが、できればその表面模様も望遠鏡でしっかりとらえてみたいといえます。

最近は、各地に大きな望遠鏡のある公開天文台や科学館、プラネタリウムがあり、火星の接近の機会ごとに「火星観望会」が企画されますので、参加してごらんになるとよいでしょう。小さな望遠鏡ではわかりにくい火星世界を大きな望遠鏡でのぞき見るチャンスといえるわけで、望遠鏡を持っていない人でもよい機会となることでしょう。次ページに公開天文台の一部を紹介します。

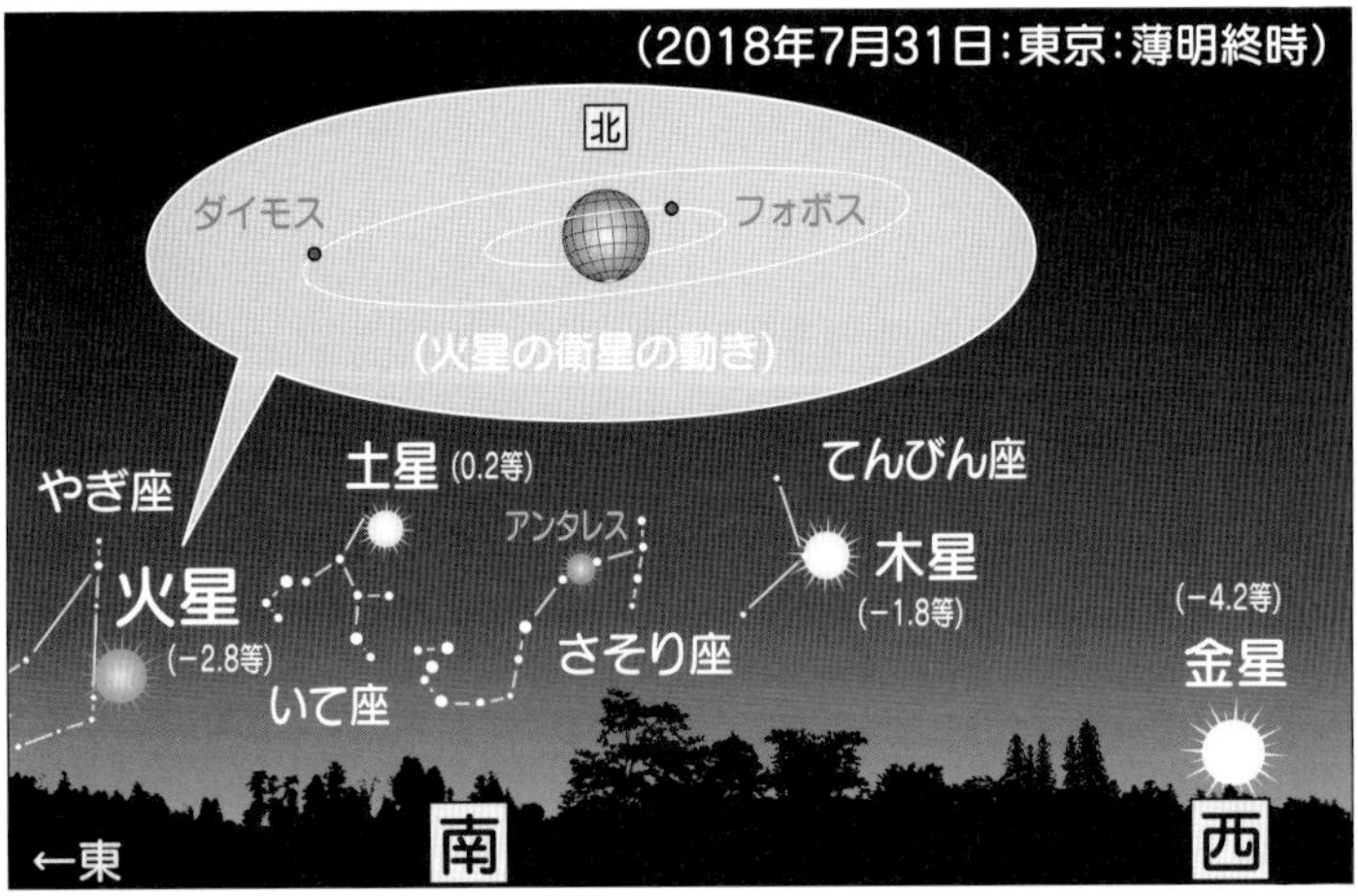

▲火星の衛星にチャレンジ　火星の2つの衛星は11 ～ 12等と暗く、火星の近くを回っているため小望遠鏡では見られませんが、口径30cm以上の望遠鏡なら見えるかもしれません。公開天文台の大型望遠鏡でのぞいてみてください。

名称	所在地	電話	望遠鏡
旭川市科学館サイパル	北海道旭川市	0166-31-3186	65cm反射
札幌市青少年科学館	北海道札幌市	011-892-5001	60cm反射
小岩井農場星と自然館	岩手県雫石町	019-692-4321	20cm屈折
仙台市天文台	宮城県仙台市	022-391-1300	130cm反射
福島市浄土平天文台	福島県福島市	0242-64-2108	40cm反射
星の村天文台	福島県田村市	0247-78-3638	65cm反射
栃木県子ども総合科学館	栃木県宇都宮市	028-659-5555	75cm反射
群馬県立ぐんま天文台	群馬県高山村	0279-70-5300	150cm反射
川口市立科学館	埼玉県川口市	048-262-8431	65cm反射
国立科学博物館	東京都台東区	03-5777-8600	60cm反射
国立天文台	東京都三鷹市	0422-34-3600	50cm反射
新潟県立自然科学館	新潟県新潟市	025-283-3331	60cm反射
胎内自然天文館	新潟県胎内市	0254-48-0150	60cm反射
富山市天文台	富山県富山市	076-434-9098	100cm反射
ディスカバリーパーク焼津天文科学館	静岡県焼津市	054-625-0800	80cm反射
名古屋市科学館	愛知県名古屋市	052-201-4486	80cm反射
半田空の科学館	愛知県半田市	0569-23-7175	40cm反射
尾鷲市立天文科学館	三重県尾鷲市	0597-23-0525	81cm反射
大阪市立科学館	大阪府大阪市	06-6444-5656	50cm反射
バンドー神戸青少年科学館	兵庫県神戸市	078-302-5177	25cm屈折
明石市立天文科学館	兵庫県明石市	078-919-5000	40cm反射
兵庫県立大学西はりま天文台	兵庫県佐用町	0790-82-3886	200cm反射
紀美野町立みさと天文台	和歌山県紀美野町	073-498-0305	105cm反射
鳥取市さじアストロパーク	鳥取県鳥取市	0858-89-1011	103cm反射
日原天文台	島根県津和野町	0856-74-1646	75cm反射
美星天文台	岡山県井原市	0866-87-4222	101cm反射
岡山天文博物館	岡山県浅口市	0865-44-2465	15cm屈折
倉敷科学センター	岡山県倉敷市	086-454-0300	50cm反射
阿南市科学センター	徳島県阿南市	0884-42-1600	113cm反射
星の文化館	福岡県八女市	0943-52-3000	100cm反射
北九州市立児童文化科学館	福岡県北九州市	093-671-4566	20cm屈折
佐賀県立宇宙科学館	佐賀県武雄市	0954-20-1666	20cm屈折
長崎市科学館	長崎県長崎市	095-842-0505	50cm反射
関崎海星館	大分県大分市	097-574-0100	60cm反射
石垣島天文台	沖縄県石垣市	0980-88-0013	105cm反射

〔写真・資料・協力〕 NASA ／ JPL ／ ESA ／ NONA ／ STScI ／ Caltec ／ LOWELL OBSERVATOY ／ AURA Inc ／ NSF ／ SST ／ SAO ／ Cornell University ／ maas digital ／ USGS ／ ASU ／ Malin Space Science Systems ／ GSFC ／ University of Arizona ／ MSSS ／ ASI ／ MOLA Science Team ／ University of Rome ／ Space Science Institute ／ ESO ／ JAXA ／ Texas A & M University ／ JSC ／ Stanford University ／ OAR ／ NURP ／ Southwest Research Institute ／ BILL INGALLS ／ T.Pyle ／ C & E フランス／ウィング・フォト・サービス／黒川宏之／小石川正弘／佐藤 健／相馬 充／田阪一郎／白石明彦／品川征志／星の手帖社／チロ天文台／岡田好之／大野裕明／冨岡啓行／丹野康子／阿部 昭／星の村天文台

図版：和泉奈津子
編集協力：戸島璃葉、中野博子
デザイン：プラスアルファ

水《みず》、生命《せいめい》、そして人類移住計画《じんるいいじゅうけいかく》　赤《あか》い惑星《わくせい》を最新研究《さいしんけんきゅう》で読《よ》み解《と》く

火星《かせい》の科学《かがく》　-Guide to Mars-《ガイドトゥマーズ》

NDC440

2018 年 7 月 20 日　発　行

監　修　藤井《ふじい》 旭《あきら》
著　者　藤井《ふじい》 旭《あきら》、荒舩良孝《あらふねよしたか》
発行者　小川雄一
発行所　株式会社 誠文堂新光社
〒 113-0033　東京都文京区本郷 3-3-11
（編集）電話 03-5805-7761
（営業）電話 03-5800-5780
http://www.seibundo-shinkosha.net/
印刷所　株式会社 大熊整美堂
製本所　和光堂 株式会社

ISBN978-4-416-61888-2